JN107029

2級ボイラー技士試験

らくらく穴埋めハンドブック

藤井 照重

電気書院

[本書の正誤に関するお問い合せ方法は，最終ページをご覧ください]

はじめに

ボイラーは，化石燃料や電気などの熱源を用いて蒸気や温水をつくる熱交換装置です．法的なボイラー基準や取扱い資格などから，伝熱面積，圧力などによって，「ボイラー」，「小規模ボイラー」，「小型ボイラー」，「簡易ボイラー」に区分されています．取扱う際，資格の不要な簡易ボイラーを除くと，何らかの取扱資格が必要とされます．ボイラーにはボイラー技士（特級，1級，2級）免許者，小規模ボイラーにはボイラー取扱技能講習修了者以上，小型ボイラーでは特別教育の修了者以上と義務づけられています．2級ボイラー技士は，伝熱面積の合計が25 m^2 未満のボイラー取扱作業主任者となる資格ができます．

国家資格（免許）であるボイラー技士の受験者は，年間約3万人（2級ボイラー技士の受験者は，そのうち約2.5万人）の多くに上っています．2級ボイラー技士の受験資格は，特にありません．

本書は，実際の試験科目と同じ①「ボイラーの構造」，②「ボイラーの取扱い」，③「燃料および燃焼」，④「関係法令」の4章から構成されています．章毎に重要項目を挙げ，重要度を★印で示すチェック問題とピックアップ解説を加え，さらに章の後に項目ごとに補足説明を加えています．また，手軽で持ち運びに便利なサイズにしています．

最後に，本書の出版にあたり，御助力頂いた株式会社電気書院　近藤知之氏に厚く御礼申し上げます．

2021年3月

藤井　照重

目　次

第3章　燃料および燃焼に関する知識

第4章　関係法令

各章のおさらい事項

2級ボイラー技士免許試験
受験ガイダンス

「2級ボイラー技士」は，労働安全衛生法に基づいたボイラーの取扱いに必要な国家資格です．

1. 受験資格

不要（年齢，経験，学歴などを問わず，受験可能）．ただし，本人確認証明書（氏名，生年月日，および住所を確認できる書類）が必要です．

2. 免許試験の実施

試験は，毎月1回または2回，全国7か所にある安全技術センターで行われます．日程や開催地の詳細は，㈶安全衛生技術試験協会のホームページ（http://www.exam.or.jp/）をご覧ください．

3. 試験科目と配点，試験時間および範囲

試験科目，出題数，試験時間および範囲は，次のようです．

試験科目	出題数（配点）	試験時間
ボイラーの構造に関する知識	10問（100点）	13:30～16:30 3時間
ボイラーの取扱いに関する知識	10問（100点）	
燃料および燃焼に関する知識	10問（100点）	
関係法令	10問（100点）	

試験科目	範囲
ボイラーの構造に関する知識	熱および蒸気，種類および型式，主要部分の構造，附属設備および附属品の構造，自動制御装置
ボイラーの取扱いに関する知識	点火，使用中の留意事項，埋火，附属装置および附属品の取扱い，ボイラー用水およびその処理，吹出し，清浄作業，点検
燃料および燃焼に関する知識	燃料の種類，燃焼方式，通風および通風装置
関係法令	労働安全衛生法，労働安全衛生法施行令および労働安全衛生規制中の関係条項，ボイラーおよび圧力容器安全規制，ボイラー構造規格中の附属設備および附属品に関する条項

どの科目も5つの選択項目から1つ（五肢択一）を選ぶマークシート式筆記試験です．合格基準は，4科目（各科目10問）のいずれもが4割以上の正解で，かつ計40問の総合点で6割以上が合格となります．

4. 受験の申し込み方法と受付期間

受験を希望する安全衛生技術センター窓口に(i)免許試験受験申請書，(ii)本人確認証明書，(iii)証明写真（サイズ縦36 mm×横24 mm），(iv)試験手数料6,800円，を直接提出するか，現金書留で郵送します．

受付期間は，次のようです．

	郵送の場合	持参の場合
受付開始	第1受験希望日の2ヶ月前から	
受付締切	第1受験希望日の14日前の郵便局の消印まで【簡易書留郵便により送付】	第1受験希望日のセンターの休日を除く前々日まで【時間：9:00～12:00，13:00～16:00】
	受付期間内であっても定員に達したときには，締め切ります．	

5. 合格発表（試験結果）

合格発表は，試験日から概ね 1 週間後に発表され，合格者の場合「免許試験合格通知書」を，それ以外の方には「免許試験結果通知書」が送付されます．また，合格受験番号がホームページおよび安全衛生技術センターの掲示板に 9時30 分に掲載，掲示されます．

6. 免許申請

試験合格者は，都道府県労働局および各労働基準監督署にある免許申請書に必要事項等を記入（貼付）し，合格通知書および必要書類を添付のうえ，東京労働局長宛（〒108-0014　東京都港区芝 5-35-1 東京労働局免許証発行センター）に申請します．この申請手続きをしないと免許証は交付されません．なお，免許申請の際に，実務経験等を証する書類の添付が必要です．

7. 試験の実施結果

令和元年度（令和元年 4 月～ 2 年 3 月）の全国の 2 級ボイラー技士試験の受験者数は，25192 人で合格者数 12803 人（合格率 50.8 %）です．平成 17 年度から令和元年までは総受験者数 476803 人のうち，合格率は平均 53.3 %です．

第1章

ボイラーの構造に関する知識

1．温度・圧力

Q1 ★
日本では通常温度（目盛）に（　①　），アメリカでは（　②　）を使用する．

Q2 ★★★
摂氏温度［℃］に 273.15 を加えた温度を（　　　）という．

Q3 ★★
セルシウス（摂氏）温度とは，（　①　）下で水の氷点を（　②　）℃，沸点を（　③　）℃と定めて，この間を 100 等分したものを（　④　）℃としたものである．

Q4 ★★★
現場のブルドン管圧力計で表示される圧力は，（　①　），その値に大気圧を加えた圧力を（　②　）と呼ぶ．

Q5 ★★★
10 m の高さの水が底面に及ぼす圧力は，ほぼ（　　　）MPa である．

Q6 ★★
圧力 1 MPa が面積 1 cm^2 に作用する力は，（　　　）N である．

Q7 ★★★
760 mm の高さの水銀柱がその底面に及ぼす圧力を（　①　）といい，（　②　）kPa に相当する．

Q8 ★
水や蒸気の物性を表示する蒸気表中の圧力は，（　　　）で示す．

解答

Q1 ① 摂氏温度（またはセルシウス温度）
② 華氏温度（またはファーレンハイト温度）

Q2 絶対温度（ケルビン温度）[K]

Q3 ① 標準大気圧　② 0　③ 100　④ 1

Q4 ① ゲージ圧力　② 絶対圧力

Q5 0.1

Q6 100

Q7 ① 標準大気圧　② 101.3

Q8 絶対圧力

Pick Up 解説

Q1 暖かさ（熱さ，冷たさ），すなわち温冷の度合いを示す尺度が温度である．

Q2 絶対温度（またはケルビン温度）T [K]＝摂氏温度 t [℃]＋273.15，絶対零度 0 K は原子・分子の熱運動が停止している状態で，これより低い温度は存在しない．

Q3 摂氏温度 t_c [℃]＝(華氏温度 t_F [°F]−32)×5/9 の関係がある．0 ℃＝32 °F，100 ℃＝212 °Fに相当する．

Q6 1 MPa＝10^6 N/m^2，1 cm^2＝10^{-4} m^2 から $10^6 \times 10^{-4}$＝100 N となる．

Q7 高さ h [m] にある流体が底面に及ぼす力は，$Ah\rho g$（ここで，A は断面積，ρ は流体の密度 [kg/m^3]，g は重力加速度 9.8 m/s^2）である．圧力 $p=Ah\rho g/A=h\rho g$ で表される．したがって，水銀柱 760 mmHg の底面にかかる圧力 $p=h\rho g=760\times10^{-3}\times13.6\times10^3\times9.8=101.3\times10^3$ Pa＝101.3 kPa（ここで 13.6×10^3 kg/m^3 は水銀の密度）．同様に水柱高さ 10 m の底面への圧力 $p=10\times1000\times9.8=98\times10^3$ Pa＝98 kPa＝ほぼ 1 気圧（1 atm）に等しい（厳密には，高さ H＝10.34 m）．

2. 熱量・比熱

Q1 ★★★
熱量には物体の温度上昇に費やされ，温度変化のある（　①　）と物体の状態変化（蒸発，凝縮など）に費やされ，温度変化のない（　②　）がある．両者を合わせて（　③　）と呼ぶ．

Q2 ★★★
比熱とは，単位質量 1 kg の物体を（　①　）K（℃）高めるのに必要な（　②　）である．

Q3 ★
比熱の異なる同一質量の物体に熱を加えたとき，温まりやすく，冷めやすいのは，比熱の（　　　）物質である．

Q4 ★★★
標準大気圧下で 1 kg の水を 1 K（℃）高めるのに要する熱量は約（　①　）kJ である．水の比熱は（　②　）kJ/(kg・K) である．

Q5 ★★
圧縮性の強い気体の比熱には，（　①　）と（　②　）の 2 つがあり，値が異なる．

Q6 ★★
大気圧，15 ℃の状態の空気の定圧比熱は，およそ（　　　）kJ/(kg・K) である．

Q7 ★
比熱の小さい物体は，同一質量の比熱の大きい物体より同じ熱量を加えたとき，温度の上がりが（　　　）．

解答

Q1 ① 顕熱　② 潜熱　③ 全熱量

Q2 ① 1　② 熱量

Q3 小さい

Q4 ① 4.187　② 4.187

Q5 ① 定圧（または等圧）比熱
② 定容（または等容）比熱

Q6 1.0

Q7 大きい

Pick Up 解説

Q1, Q3, Q7 質量 m [kg] の物体に顕熱量 Q [J] を加え，温度が Δt [℃] 変化したとき，$Q=mc\Delta t$ の関係が成り立つ．ここで，c は比熱と呼ばれ，式より $\Delta t=t_2-t_1=Q/(m\cdot c)$ から $Q/m=$ 一定に対して比熱 c の大きい方が，Δt が小さく，温まりにくく冷めにくいことになる．

Q4, Q6 水の比熱 $c=4.187$ kJ/(kg・K)，大気圧，15 ℃の状態の空気の定圧比熱は，約 1.0 kJ/(kg・K) である．

Q5 気体は液体や固体と異なり，温度や圧力で体積が大きく変化する．そのため，気体の比熱には，次の２つの表し方がある．すなわち，(i) 圧力一定の条件で質量 1 kg の物体を 1 ℃高めるのに要する熱量を定圧（または等圧）比熱 c_p，(ii) 体積一定の条件で質量 1 kg の物体を 1 ℃高めるのに要する熱量を定容（または等容）比熱 c_v と呼ぶ．体積の膨張分熱量を要するので，一般に $c_p > c_v$ である．

3. 蒸気の性質

Q1 ★★
蒸気圧力の増加とともに，水の飽和温度は（　①　）なり，蒸発熱は（　②　）する．

Q2 ★★★
標準気圧または標準大気圧 (1 atm) とは，水銀柱（　①　）mmHg の圧力のことで，（　②　）kPa である．

Q3 ★
標準大気圧のときの飽和水蒸気の温度は，（　　　）℃である．

Q4 ★★
標準大気圧下の水の蒸発熱は，水の質量 1 kg 当たり約（　　　）kJ である．

Q5 ★★★
高山など圧力が大気圧より低い場所では，開放容器では地上での大気圧下の沸点（　　　）℃の湯は得られない．

Q6 ★★
水の臨界点は，圧力（　①　）MPa，温度（　②　）℃の状態であり，（　③　）は 0 となる．

Q7 ★★★
1 kg の湿り蒸気中は，x [kg] の（　①　）と（　②　）kg の水分が含まれ，x を湿り蒸気の（　③　），$(1 - x)$ を（　④　）と呼ぶ．

Q8 ★
過熱蒸気の過熱度とは，過熱蒸気の温度と同じ圧力の（　　　）の温度との差である．

解答

Q1 ① 高く　② 減少

Q2 ① 760　② 101.3

Q3 100

Q4 2257

Q5 100

Q6 ① 22.1　② 374　③ 蒸発熱（潜熱）

Q7 ① 乾き飽和蒸気　② $1-x$　③ 乾き度　④ 湿り度

Q8 飽和蒸気

Pick Up 解説

Q1 飽和液から飽和蒸気になるのに費やされる熱量を「潜熱」といい，特に，液体の蒸発に使われる潜熱を蒸発熱という．

Q2 圧力 $p=h\rho g=760\times10^{-3}\times13.6\times10^{3}\times9.8=101.3\times10^{3}$ Pa $=101.3$ kPa

Q3 水が飽和温度に達し沸騰を開始し，すべて蒸気に達するまで熱は蒸発熱として蒸発に使われるので，水の温度は一定で，標準大気圧では 100 ℃である．

Q4 標準大気圧下で水は 100 ℃で蒸発し始め，1 kg 当たり 2257 kJ の熱供給ですべて 100 ℃の蒸気に変化する．

Q5 大気圧より低い圧力下では，大気圧下の沸点 100 ℃より低い温度で沸騰してしまうので，開放容器ではそれ以上の湯は得られない．

Q6 水の臨界圧力では，蒸発熱は 0 となる．

Q7 1 kg の湿り蒸気中の乾き飽和蒸気の質量割合 x [kg] を乾き度という．飽和液（乾き度 $x=0$）から水が蒸発して湿り蒸気（$0<x<1$）となり，水分をまったく含まない乾き飽和蒸気（$x=1$）となる．

4. 伝熱

Q1 ★

熱の移動に関する伝熱形態を区分すると，（　①　），（　②　），（　③　）の３つになる．

Q2 ★★

物体の内部を熱が高温部から低温部へ伝わる現象を（　　　）という．

Q3 ★★

熱の伝導の良否を示す比例定数を（　　　）と呼ぶ．

Q4 ★★★

固体面と流体との間の熱移動を（　①　）と呼び，その良否は比例定数（　②　）で示される．熱伝達率は流体の（　③　），（　④　），（　⑤　）および（　⑥　）の状態により異なる．

Q5 ★★★

空間を隔てて相対している物体間の電磁波によるエネルギー伝播による熱移動を（　①　）といい，（　②　）中でも伝わる．

Q6 ★★

熱せられた流体は周りより密度が（　①　）なり，軽くなって上昇し，温まっていない流体と入れ替わり全体が，温まっていく伝熱様式を（　②　）と呼ぶ．

Q7 ★★★

固体の一面に高温の流体が，他面に低温の流体と接しているとき，高温から低温に（　①　），（　②　）によって熱が伝わり，これを（　③　）という．

解答

Q1 ① 熱伝導　② 熱伝達　③ 放射伝熱

Q2 熱伝導

Q3 熱伝導率

Q4 ① 熱伝達　② 熱伝達率　③ 種類　④ 圧力
⑤ 温度　⑥ 流れ

Q5 ① 熱放射　② 真空

Q6 ① 小さく　② 対流熱伝達

Q7 ① 熱伝導　② 熱伝達　③ 熱貫流

Pick Up 解説

Q2 熱伝導とは温度の異なる物体の内部を温度の高い部分から低い部分へ熱が伝わる現象をいう．

Q3 物質の熱伝導率の値は，一般に金属に比べ，液体や気体の値は小さい．熱伝達量は同じ温度差，長さの場合に熱伝導率の値に比例して大きくなる．

Q4 種々の形態における熱伝達率は流体の相の変化（蒸発，凝縮）や流体の種類や圧力，温度によって大きな差が生じる．

Q5 太陽からの熱や電気ストーブ，焚火（たきび）の熱は，電磁波のエネルギー伝播で空間を直接移動し，放射伝熱という．熱を媒介する物質（媒体）は必要でなく，真空中でも伝わる．

Q6 流体とは液体と空気の両方を含む用語で，対流には流体をポンプやファンで強制的に送る強制対流と風呂のような自然対流がある．

Q7 例えば火炎からやかん（固体）を通して中の水を沸かすときなどで，熱貫流＝熱伝導＋熱伝達となる．

5. ボイラーの容量と効率

Q1 ★★★

蒸気ボイラーの容量(能力)は，(①)負荷の状態で(②)当たりに発生する(③)で表す.

Q2 ★★

ボイラーの蒸気発生に必要な熱量，すなわち水の吸収した熱量は，(①)，(②)，(③)および(④)を測定して求められる.

Q3 ★★★

換算蒸発量とは，実際に給水から蒸気を発生させるのに要した熱量を大気圧下，100 ℃における水の(①)の値(②)kJ/kgで除したものである.

Q4 ★★

ボイラーへの全供給熱量に対して蒸気発生までに水が吸収した熱量の割合を(　　)と呼ぶ.

Q5 ★★

ボイラーの吸収熱量 Q [kJ/h] は，発生蒸気量 G [kg/h]，h_1，h_2 をそれぞれ給水および発生蒸気の比エンタルピー [kJ/kg] とすると，次式(　　)[kJ/h] で表される.

Q6 ★

高発熱量とは，水蒸気が冷えて水に戻る(①)を低発熱量に加えたものである. したがって，(②)＞低発量である.

解答

Q1 ① 最大連続　② 単位時間　③ 蒸発量

Q2 ① 発生蒸気量　② 蒸気圧力　③ 蒸気温度
④ 給水温度

Q3 ① 蒸発熱（潜熱）　② 2257

Q4 ボイラー効率

Q5 $Q=G\times(h_2-h_1)$

Q6 ① 凝縮（潜）熱　② 高発熱量

Pick Up 解説

Q2, Q5 エンタルピーとは物体が有している全熱量 [J] をいい，単位質量当たりを比エンタルピー [J/kg] と呼ぶ．必要な熱量 $Q=G\times(h_2-h_1)$，ここで，G：発生蒸気量，h_2：発生蒸気の比エンタルピーで蒸気圧力，温度から，h_1 は給水の比エンタルピーで給水温度から決定される．

Q3 蒸発量の値は同じ吸収熱量でも圧力や温度によって異なる．吸収熱量の大きさを判断できる次の換算蒸発量を用いる．換算蒸発量 G_e [kg/h]＝(正味吸収熱量)/(大気圧下の 100 ℃の水の蒸発潜熱)＝$G\times(h_2-h_1)/2257$
ここで，G：実際蒸発量 [kg/h]，h_2，h_1：発生蒸気および給水の比エンタルピー [kJ/kg]，2257：大気圧下の 100 ℃の水の蒸発潜熱 [kJ/kg]

Q4 ボイラー効率は，ボイラーに与えた熱量，すなわち燃料が燃焼して発生する総熱量（全供給熱量）に対して，蒸気（または温水）発生に使われた熱量（吸収熱量）の割合と定義される．ボイラー効率 [%]＝$G\times(h_2-h_1)\times100$/(毎時燃料消費量×低発熱量)

Q6 高発量＝低発熱量＋水蒸気の凝縮（潜）熱，したがって，高発熱量＞低発熱量

6.1 ボイラーの分類（丸ボイラー）

Q1 ★★★
丸ボイラーの種類として，（　①　），（　②　），（　③　）および（　④　）の4つに区分できる．

Q2 ★★
丸ボイラーの一種である立てボイラーは，構造上水面が（　①　）ので，発生蒸気中に含まれる水分は，（　②　）なりやすい．

Q3 ★★
立てボイラーは狭い場所に設置でき，（　①　）や（　②　）が簡単であるが，内部が狭いので，（　③　）や（　④　）に不便である．

Q4 ★★★
丸ボイラーは，水管ボイラーに比べて伝熱面積当たりの保有水量が多いので，負荷変動による圧力や水位変動が（　　　）．

Q5 ★★★
丸ボイラーの主流である（　①　）ボイラーは，伝熱面積が大きく，（　②　）燃焼方式や（　③　）燃焼方式を採用して，燃焼効率を上げ，ボイラー効率は，（　④　）%と高い．

Q6 ★★
加圧燃焼方式を採用しているのは（　　　）ボイラーである．

Q7 ★
炉筒煙管ボイラーの煙管には，伝熱性能の良い（　　　）管を採用したものが多い．

解答

Q1 ① 立てボイラー　② 炉筒ボイラー
③ 煙管ボイラー　④ 炉筒煙管ボイラー

Q2 ① 狭い　② 多く

Q3 ① 移設　② 据付け　③ 清掃　④ 点検

Q4 少ない

Q5 ① 炉筒煙管　② 加圧　③ 戻り　④ 85 ～ 92

Q6 炉筒煙管

Q7 スパイラル

Pick Up 解説

Q1 ボイラーを用途別に分類すると，(a) 丸ボイラー，(b) 水管ボイラー，(c) 鋳鉄製ボイラー，(d) 特殊ボイラーの 4 つになる．丸ボイラーは径の大きい胴の中に炉筒，火室，煙管などを設けたものである．

Q2, **Q3** 立てボイラーは水面が狭いので，水分を同伴してしまいやすい．据付けや移設は容易であるが，内部が狭いので，清掃や点検は不便である．

Q4 丸ボイラーは主に圧力 1 MPa 程度以下で，蒸発量 10 t/h 程度までのボイラーとして用いられる．

Q5, **Q6** 加圧燃焼方式とは炉筒（燃焼室）内の圧力を大気圧以上に保持して運転し，燃焼室容積当たりの入熱量を大きくして燃焼温度を高めて燃焼効率を上げる．また，ボイラー内への空気の侵入がなくボイラー効率が上昇する．戻り燃焼方式は炉筒の一端を閉じて火炎を反転させて燃焼時間を長くとり，燃焼効率を上げる．

Q7 スパイラル (spiral) 管とは，平滑管にらせん状の溝を付けて流れに乱れを生じさせ，伝熱性能を良くしたものである．

6.2 ボイラーの分類（水管ボイラー）

Q1 ★★★
水管ボイラーは，水の循環方式によって（　①　），（　②　），（　③　）式がある．

Q2 ★★
水管ボイラーは，同じ蒸発量の丸ボイラーと比較して，負荷変動による（　①　）や（　②　）変動が大きい．

Q3 ★★
水管ボイラーは，丸ボイラーに比べて起動から所要蒸気を発生させるまでの時間が（　　　）．

Q4 ★★
水管ボイラーでは，燃焼室の内周面に水管を配置した（　　　）が用いられる．

Q5 ★★★
自然循環ボイラーは，高圧になるほど蒸気と水の（　①　）が小さくなるので，水の（　②　）が弱くなる．ボイラー水の循環経路中にポンプを設置して強制的に水循環を行わせる形式を（　③　）ボイラーという．

Q6 ★★
超臨界圧ボイラーには（　　　）が用いられる．

Q7 ★★
貫流ボイラーは，細い管内でほとんどの給水が蒸発するので，厳重な（　　　）が必要である．

解答

Q1 ① 自然循環　② 強制循環　③ 貫流

Q2 ① 圧力　② 水位

Q3 短い

Q4 水冷壁

Q5 ① 密度差　② 循環力　③ 強制循環

Q6 貫流ボイラー

Q7 給水管理

Pick Up 解説

Q1 ボイラー水が水管内を流れる方式によって，3つに分類される．

Q2 水管ボイラーは伝熱面積当たりの保有水量が少ないので，蒸気圧力や水位の変動が生じやすい．

Q4 水冷壁と呼び，火炎からの放射熱を吸収して，水管内の水を蒸発させる．

Q5 自然循環ボイラーでは高温の燃焼ガスに接した水管の水は蒸発し，非加熱の降水管内の水との密度差によって自然循環力が生じる．しかし，圧力が高くなってくると蒸気と水との密度差が小さくなって循環力が不足してくる．したがって，高圧では循環経路中に強制循環ポンプを設置して強制的に水循環させる．

Q6 超臨界圧力以上では蒸発熱＝0で，蒸発現象はなく，加熱によって温度のみ上昇し，蒸気ドラムで水と蒸気を分離する必要はなくなるので，貫流式が採用される．

Q7 ドラムのない貫流ボイラーでは水中の不純物を外に排出するブローはできず，不純物が蒸気とともにボイラー外に運び出されるか水管壁に堆積してしまうので，厳重な給水管理が必要である．

6.3 ボイラーの分類（鋳鉄製ボイラー）

Q1 ★★★
鋳鉄製ボイラーは，主として暖房用の低圧蒸気発生用または（　　　）ボイラーとして使用される．

Q2 ★
鋳鉄製ボイラーは，鋳鉄製の（　　　）を5～20前後並べて締付け，その数の増減によって能力を加減することができる．

Q3 ★★★
鋳鉄製ボイラーは，腐食に（　①　）が，不同膨張により（　②　）が生じやすい．

Q4 ★★★
鋳鉄製ボイラーは，蒸気ボイラーとしての使用圧力は（　　　）MPaまでと制限されている．

Q5 ★★★
鋳鉄製ボイラーの温水用としての使用圧力は，（　①　）MPa以下，温水温度は（　②　）℃以下に制限されている．

Q6 ★
鋳鉄製ボイラーのボイラー底部に水を循環させない構造のものを（　①　）形，循環させるものを（　②　）形という．

Q7 ★★
暖房用蒸気ボイラーは，原則として復水を循環使用するので，低水位事故防止用に給水管に（　①　）を備える．この連結法を（　②　）という．

解答

Q1 温水

Q2 セクション

Q3 ① 強い　② 割れ

Q4 0.1

Q5 ① 0.5　② 120

Q6 ① ドライボトム　② ウエットボトム

Q7 ① 返り管　② ハートフォード式連結法

Pick Up 解説

Q1, Q2 鋳鉄製ボイラーは現地で容易に組立て可能で，鋳鉄製のセクションを並べて，ニップルをはめ込み，締付け（ステー）ボルトで組み合わせてつくる．主としてビルなどの暖房用や給湯用に用いられる．

Q3 鋳鉄は軟鋼に比べて堅くもろく，耐圧性や耐熱性に乏しい．高圧や大容量に適さないが，腐食に強い．

Q4, Q5 鋳鉄製ボイラーを蒸気ボイラーとして使用するときは最高使用圧力 0.1 MPa まで，温水ボイラーとしては圧力 0.5 MPa 以下，温水温度は 120 ℃以下に制限されている．

Q6 燃焼室下部ボイラー底部にも水を循環させ，伝熱面積を増加させるウエットボトム形（鋳鉄製ボイラー）が最近広く使用されている．

Q7 暖房用の鋳鉄製ボイラーでは，復水を循環使用するために，返り管を設置し，返り管が空になっても，安全低水面までボイラー水が残る（低水位事故の防止）ハートフォード式連結法が用いられる．

7. 胴およびドラムに働く力，鏡板，マンホール

Q1 ★★
ボイラーの胴板には，内部圧力によって（　①　）方向および（　②　）方向に（　③　）が生じる．

Q2 ★★★
胴の長手(軸)継手の強さは，胴の（　①　）の強さの（　②　）倍以上必要である．

Q3 ★★
胴板には内部圧力によって引張応力が生じ，（　①　）の応力は長手(軸)方向の応力の（　②　）倍となる．

Q4 ★★★
ボイラー胴に取り付けるだ円形のマンホールの長径は（　　　）方向に設ける．

Q5 ★
鏡板とは，胴やドラムの両端を閉じる部分の曲げられた（　　　）板のことである．

Q6 ★
鏡板の種類には（　①　），（　②　），（　③　），（　④　）鏡板の4種類がある．

Q7 ★★★
鏡板で最も多く使われているのは，（　①　）であるが，高圧では（　②　），（　③　）が用いられる．

Q8 ★★
皿形鏡板の（　①　）は，すみの丸みをなす部分で，（　②　）は，頂部の球面をなす部分である．

解答

Q1 ①周　②軸　③引張応力

Q2 ①周継手　②2

Q3 ①周方向　②2

Q4 周

Q5 軟鋼

Q6 ①平　②皿形　③半だ円体形　④全半球形

Q7 ①皿形鏡板　②半だ円体形鏡板　③全半球形鏡板

Q8 ①環状殻部　②球面殻部

Pick Up 解説

Q1 胴内部の圧力によって胴板には押し広げられようとする抵抗力（引張応力）が生じ，周方向と軸方向の2種類に分けられる．

Q2, Q3, Q4 周方向の引張応力は，軸方向の引張応力の2倍となる．

Q6 鏡板（かがみいた）は，胴やドラムの両端を覆っている部分で，形状によって (a) 平鏡板，(b) 皿形鏡板，(c) 半だ円体形鏡板, (d) 全半球形鏡板の4種類がある．

Q7 鏡板で球形に近いほど強度が大きいので，全半球形が最も強度が強く，半だ円形，皿形の順に強度が弱まる．したがって，高圧ボイラーでは全半球形や半だ円形鏡板が用いられる．

Q8 皿形鏡板は，鏡板の頂部の球面をなす球面殻部（かくぶ），すみの丸みをなす環状殻部および胴またはドラムの直線部につながる円筒殻部からなる．

8. 炉筒，継手および火室，ステー，伝熱管

Q1 ★★
平形炉筒の伸縮継手には，（　　　）が用いられる.

Q2 ★★
炉筒煙管ボイラーでは，炉筒の熱による伸縮を（　①　）するために，主に（　②　）炉筒が用いられる.

Q3 ★★★
波形炉筒は，平形炉筒に比べ，外圧に対して（　①　）が大きく，伝熱面積も（　②　）.

Q4 ★
波形炉筒には，（　①　），（　②　），（　③　）などの波形の種類があり，波の形状，ピッチ，谷の深さが異なる.

Q5 ★★
ガセットステーは，熱応力を緩和するために炉筒とステーとの間に（　　　）を設ける.

Q6 ★★
ガセットステーは，平板によって（　①　）を胴で支えるもので，（　②　）によって取り付けられる.

Q7 ★
管ステーの管板への取り付けで，火炎に触れる部分は，端部を（　　　）する.

Q8 ★★★
熱を水や蒸気に伝える管を伝熱管といい，（　①　），（　②　），（　③　），（　④　）がある.（　⑤　）は伝熱管に分類されない.

Q1 アダムソン継手

Q2 ① 吸収　② 波形

Q3 ① 強度　② 大きい

Q4 ① モリソン形　② フォックス形　③ ブラウン形

Q5 ブリージングスペース（息つき間）

Q6 ① 鏡板　② 溶接

Q7 縁曲げ

Q8 ① 煙管　② 水管　③ エコノマイザ管　④ 過熱管
⑤ 蒸気管

Pick Up 解説

Q1, Q2 丸ボイラーの炉筒には平形と波形の炉筒がある．加熱されると，長手方向に膨張するが，鏡板で拘束されているので，炉筒を伸縮させるために波形炉筒とするか，平形ではアダムソン継手（伸縮継手）を用いる．

Q3 炉筒と胴の間に水によって外圧がかかるが，波形は，強め材の役割をするので，圧壊に対して強度が増す．炉筒内部は燃焼ガスの通路となるので，波形によって伝熱面が増す．

Q5, Q6 ガセットステーは，鏡板と胴を平板によって溶接し支えるもので，炉筒の伸びを吸収するために鏡板に何も取り付けないブリージングスペース（息つき間）を設ける．

Q7 管板から突き出た管ステーは，火炎や高温燃焼ガスによって端部が焼損するので縁曲げをして温度上昇を抑える．

Q8 ボイラーの伝熱管とは，熱を水や蒸気に伝える管で，煙管，水管，エコノマイザ管，過熱管がある．

9. 圧力計・水面測定装置

Q1 ★★
ブルドン管式圧力計のブルドン管の断面は，（　　　）である．

Q2 ★★
圧力計のコックは，ハンドルが管軸と同方向になったときに（　　　）である．

Q3 ★★★
ブルドン管には，（　①　）℃以上の（　②　）が入らないように前に取り付けた（　③　）に水を入れる．

Q4 ★★
水面計は，ガラス管の最下部がボイラーの（　　　）の位置になるように取り付ける．

Q5 ★★★
丸形ガラス水面計は，最高使用圧力（　　　）以下のボイラーに使用される．

Q6 ★★★
二色水面計は，水位を明らかにするため，蒸気部は（　①　）色に，水部は（　②　）色に見える．

Q7 ★★★
平形反射式水面計の水部は，（　①　）色に，蒸気部は，（　②　）色に光って見える．

Q8 ★
験水コックは，（　　　）ボイラーには用いられない．

解答

Q1 扁平

Q2 開

Q3 ① 80　② 蒸気　③ サイホン管

Q4 安全低水面

Q5 1 MPa

Q6 ① 赤　② 緑

Q7 ① 黒　② 白

Q8 温水

Pick Up 解説

Q1, **Q2**, **Q3** ボイラー内部の圧力を知るのに，ブルドン管式圧力計が用いられる．圧力計を直接取り付けると，蒸気がブルドン管に入って熱せられ，誤差を生じるので，通常水を入れたサイホン管を圧力計の前に取り付け，80 ℃以上の高温蒸気が直接入らないようにする．ブルドン管は，楕円形または平円形の扁平な管（胴合金製）を円弧状に曲げ，圧力がかかると，扁平な円弧が拡がり，歯付扇形片が動き，軸に取り付けた指針が振れる構造である．圧力計のすぐ下にコックを取り付けるが，ハンドルが管軸と同一方向になったときに開く．

Q4 水面計は，可視範囲の最下部がボイラーを維持しなければならない最低の安全低水面と同じ高さとする．

Q5 ガラス水面計は，高圧に耐える構造ではなく，最高使用圧力 1 MPa 以下のボイラーに使用する．

Q6 二色水面計は，裏から電灯でガラスを照らす透視式水面計で光線の屈折率の違いで，蒸気部は赤色，水部は緑色に見えるようにしている．

Q7 平形反射式水面計は，丸形ガラスと違って薄いガラスの裏面に三角形の溝を付けたもので，光の通過，反射によって水部は黒色，蒸気部は白く光って見える．

10. 流量計・通風計

Q1 流量計には，（　①　）式，（　②　）式，
★★★（　③　）式などがある．

Q2 容積式流量計は，（　①　）形のケーシング
★★ の中に2個の（　②　）歯車を組み合わせたものである．

Q3 容積式流量計は，流量が歯車の（　　　）に
★★ 比例することを利用する．

Q4 差圧式流量計は，絞りの入口と出口間の
★★（　①　）が流量の（　②　）に比例することを利用する．

Q5 差圧を得るために管に小径の孔の（　①　）
★★ を挿入したり，管が絞られたりしている（　②　）を用いる．

Q6 面積式流量計は，垂直のテーパ管内を流体
★ が下から上に流れ，テーパ管内のフロートの（　　　）を知り，流量を測る．

Q7 U字管式通風計は，計測箇所の空気または
★★★ ガスの圧力（p_1）と（　　　）（p_0）の差を水柱（Δh）で計測する．

解答

Q1 ① 容積　② 差圧　③ 面積

Q2 ① だ円　② だ円

Q3 回転数

Q4 ① 差圧　② 2 乗

Q5 ① オリフィス　② ベンチュリー管

Q6 移動量

Q7 大気の圧力

Pick Up 解説

Q1 ボイラーへの給水量や燃料の量を知るために容積式，差圧式，面積式などがある．

Q2, Q3 だ円形のケーシングと 2 枚のだ円形歯車の間に流体を流し，歯車を回転させる．流量は歯車の回転数に比例するので，回転数を測定して流量を知る．

Q4, Q5 流路にオリフィスやベンチュリー管などの絞りを入れると，流量の 2 乗に比例した圧力損失が生じるので，差圧を測定し流量を知る．

Q6 テーパ管とフロート（浮子）の間のすき間面積は，流量に比例して大きくなるように決められ，テーパ管の寸法からフロートの移動量を測定し流量を知る．

Q7 U 字管式通風計は，燃焼用空気や燃焼ガスを通す力である通風力（ドラフトともいう）を測定する．空気やガスの圧力（p_1）を大気の圧力（p_0）と比較して U 字管の両側の封入水の差（Δh）から炉内圧を知る（$p_1=p_0+\rho g\Delta h$）．U 字管式，傾斜式，環状天びん式通風計の種類がある．

11. 安全弁・逃がし弁・逃がし管

Q1 ★★
ボイラーの安全弁には，(　　　)式が用いられる.

Q2 ★★★
ばね安全弁は，リフト形式によって(　①　)式と(　②　)式に分かれる.

Q3 ★★★
安全弁の吹出し量は，全量式安全弁では(　①　)の面積，揚程式安全弁では(　②　)の面積で決まる.

Q4 ★
弁体が弁座から上がる距離を(　　　)という.

Q5 ★
安全弁の軸心と排気管中心との距離は，なるべく(　　　)する.

Q6 ★★
安全弁の取り付け管台の内径は，弁入口径と(　　　)以上とする.

Q7 ★★
温水ボイラーに付ける逃がし弁は，温度が上がり，水の膨張によって(　①　)を超えると弁体を押し上げ，(　②　)を排出するものである.

Q8 ★★
逃がし管は，ボイラーの水部に直接取り付けて高所に設けた(　　　)に連絡させる.

解答

Q1 ばね

Q2 ① 揚程　② 全量

Q3 ① のど部　② 弁座流路

Q4 揚程（リフト）

Q5 短く

Q6 同径

Q7 ① 設定圧力　② 水

Q8 開放形膨張タンク

Pick Up 解説

Q1 安全弁の弁棒は，ばねの力で押し下げられ，弁体と弁座は密着し，ばねの押し付ける力を調整ボルトで吹出し圧力を設定する．

Q2 弁座から弁が上がる距離を揚程（リフト）という．構造によって揚程式と全量式がある．

Q3 揚程式は，弁座流路面積が最小となる安全弁で，吹出し面積は，弁座口の蒸気通路面積で決まる．一方，全量式は，リフトが大きく，のど部の面積<弁座流路面積で，吹出し面積はのど部面積で決まる．

Q5 蒸気吹出し時，安全弁にかかる曲げの力を少なく，安全弁に無理な力が働かないように短くする．

Q6 管台の蒸気通路面積を確保して蒸気の流れを邪魔しないように，管台の蒸気通路面積を弁入口径以上とする．

Q8 温水タンクと高所に設置された開放形膨張タンクを逃がし管で連絡して圧力を開放する．逃がし管には，途中に弁やコックを設けてはならない．

12. 送気系統装置ー主蒸気弁，蒸気逆止め弁，蒸気トラップ，減圧弁

Q1 ★★★
長い主蒸気管は，大きな伸びや収縮を生じるので，適当な箇所に(　①　)を設ける．種類として(　②　)形，(　③　)形および(　④　)形がある．

Q2 ★
仕切り弁は，蒸気が弁内を(　①　)状に流れ，全開時の抵抗が(　②　)．

Q3 ★★★
2 基以上のボイラーが，蒸気出口で同一管系に連絡している場合には，(　①　)の後(下流)に(　②　)を設ける．

Q4 ★★★
低圧のボイラードラムや胴内では，蒸気と水の密度差が(　①　)ので，蒸気中に水が同伴しないように，蒸気から容易に水滴を(　②　)できて構造が，簡単な(　③　)が用いられる．

Q5 ★★
蒸気トラップは，蒸気の使用中に溜まったドレンを自動的に排出する装置で，(　①　)式，(　②　)式，(　③　)式などがある．

Q6 ★
ディスク式は，蒸気とドレンの(　　　)性質の差を利用して作動する．

Q7 ★★
減圧弁は，一次側の蒸気圧力，蒸気流量に関わらず，二次側の蒸気圧力をほぼ(　　　)に保つ．

解答

Q1 ① 伸縮継手　② 湾曲　③ ベローズ　④ すべり

Q2 ① 直線　② 小さい

Q3 ① 主蒸気弁　② 逆止め弁

Q4 ① 大きい　② 分離　③ 沸水防止管

Q5 ① バケット　② ディスク　③ バイメタル

Q6 熱力学的

Q7 一定

Pick Up 解説

Q1 温度変化による伸縮を自由にするために，湾曲形（U 字形，ベント），ベローズ（蛇腹）形，すべり形の伸縮継手を用いる．

Q2 主蒸気弁には，アングル弁，玉形弁（グローブバルブ），仕切弁（スルースバルブ）がある．仕切弁では流体は直線状に流れ，抵抗が小さい．

Q3 2 基以上のボイラーが，蒸気出口で同一管系に連絡している場合には，逆流防止のため主蒸気弁の後（下流）に逆止め弁を設ける．

Q4 低圧ボイラーでは，蒸気と水の密度差が大きいので，蒸気から容易に水が分離でき，簡単な構造の沸水防止管が用いられる．

Q6 ディスク式は，トラップ内のディスクの開閉によってドレンが排出されディスクが上部の変圧式の圧力によって押し下げられる．時間が経過すると，変圧室の蒸気が凝縮され，圧力が下がりディスク弁が開き，ドレンが排出される．

Q7 減圧弁は，二次側の圧力を検出して一次側の圧力の変動に関係なく，二次側の圧力が一定となるように弁開度を調整する．

13. 給水系統装置－給水ポンプ，インゼクタ，給水内管

Q1 ★★★
ボイラーに給水する遠心ポンプには，案内羽根を有する(　①　)と案内羽根を有しない(　②　)がある.

Q2 ★★
渦巻ポンプは，案内羽根が(　①　)ので，高圧を得にくく，比較的(　②　)ボイラーに多く使用される.

Q3 ★
渦流ポンプは，(　①　)ポンプともいわれ，少ない吐出量で比較的高い(　②　)が得られるので，(　③　)容量のボイラーの給水ポンプとして用いられる.

Q4 ★★
インゼクタ，すなわち(　①　)は，ノズルから蒸気を噴射し，ボイラーに給水する装置で，給水の圧力に(　②　)ので，比較的(　③　)のボイラーの予備機として用いられる.

Q5 ★★★
ボイラーまたはエコノマイザの入口近くには，給水弁と(　　　)を設ける.

Q6 ★★★
給水弁と給水逆止め弁を別個に設ける場合，(　　　)をボイラーに近い側に取り付ける.

Q7 ★
給水内管は，長い鋼管に設けられた(　①　)の小孔からドラム内の広い範囲に(　②　)よりやや下方に取り付ける.

解答

Q1 ① ディフューザポンプ（タービンポンプ）
② 渦巻ポンプ

Q2 ① ない　② 低圧

Q3 ① 円周流　② 揚程　③ 小

Q4 ① 蒸気噴射式ポンプ　② 限界がある　③ 低圧

Q5 給水逆止め弁

Q6 給水弁

Q7 ① 多数の　② 安全低水面

Pick Up 解説

Q1, **Q2** 案内羽根を有しない渦巻ポンプと案内羽根を有するディフューザポンプがある．ディフューザポンプは，案内羽根を有しているので高い圧力を得やすく，高圧のボイラーに使用される．

Q3 特殊ポンプの渦流ポンプ（円周流ポンプ）は，小容量の蒸気ボイラーの給水ポンプとして比較的高い揚程が得られる．

Q4 インゼクタは，蒸気をノズルから噴射してその噴出力で給水する装置で，蒸気圧力が駆動源となるので，圧力に限界があり流量の調整が難しく，比較的低圧のボイラーの予備機として使用される．

Q5, **Q6** 給水ポンプの故障などで給水圧力が喪失したときでもボイラー水が給水ポンプ側に逆流しないように給水逆止め弁を設置する．給水逆止め弁が故障した場合，給水弁を「閉」とすることによって，修理が可能なように給水弁をボイラーに近い側に取り付ける．

Q7 小さな径の穴を下向きに多数設けた給水内管をボイラー胴またはドラムの長手方向に沿って，安全低水面より低い位置に取り付ける．

14. 附属設備－過熱管，エコノマイザ，空気予熱器，スートブロワ

Q1 ★★★
過熱器は，火炉出口付近の燃焼ガス温度の高いゾーンに設けられ，温度の高い(　　　)をつくる．

Q2 ★★
エコノマイザは，(　①　)の余熱を回収して(　②　)の予熱に利用する．(　③　)を向上させ，(　④　)の節約になる．

Q3 ★
エコノマイザを設置した場合，(　①　)が増加し，送風機の(　②　)が増える．

Q4 ★★
空気予熱器は，蒸気または燃料排ガスの余熱を利用して，(　　　)を予熱する装置である．

Q5 ★★★
空気予熱器において硫黄を含む燃料に対して予熱器の金属温度が燃焼ガス中の硫酸蒸気の(　①　)以下になると硫酸腐食，すなわち(　②　)を起こすことがある．

Q6 ★★★
燃焼室温度が(　①　)なると，燃料中や空気中の窒素の一部が酸素と反応して刺激臭のある有害物質である(　②　)が形成されやすくなる．

Q7 ★★
スートブロワには，(　①　)式と(　②　)式がある．

解答

Q1 過熱蒸気

Q2 ① 燃焼ガス　② 給水　③ ボイラー効率　④ 燃料

Q3 ① 通風抵抗　② 動力消費量

Q4 燃焼用空気

Q5 ① 露点温度（凝縮温度）　② 低温腐食

Q6 ① 高く　② 窒素酸化物（NO_X）

Q7 ① 回転　② 抜き差し

Pick Up 解説

Q1 蒸気ドラムからの蒸気は飽和蒸気で，さらに温度を上げて過熱蒸気にするために過熱器を設ける．

Q2 エコノマイザ（節炭器）は，ボイラー排ガスの余熱を回収して給水を予熱する装置で，燃料の節約になる．

Q3 通風損失すなわち，動力の消費量が増す．

Q4 空気予熱器は排ガスの余熱を利用して燃焼用空気を予熱する．また，外部の蒸気で空気を予熱する蒸気式空気予熱器もある．

Q5 エコノマイザと同じく，硫黄を含んだ燃料では煙道ガス中の硫黄酸化物が低温になると凝縮し，硫酸となって予熱器のエレメントを低温腐食させる．ただし，蒸気式空気予熱器では排ガスを用いないので，その心配はない．

Q6 燃焼により生じるNO_XにはサーマルNO_XとフューエルNO_Xの2種類がある．サーマルNO_Xは，燃焼用空気中の窒素が高温条件下で酸素と反応して生成，フューエルNO_Xは，燃料中の窒素化合物の酸化反応によるものである．

Q7 スートブロワには，多数の噴射ノズルを持つ回転式と先端に通常2個の噴射ノズルを持つ抜き差し式がある．回転式は，比較的低いガス温度部分に用いられる．

15. ボイラーの自動制御の基礎

Q1 ★★★ 運転中のプラントで一定範囲の値に保ちたい量を（　①　），そのために操作する量を（　②　）という．例えば，ボイラーの蒸気圧力，温度，ドラム水位などは（　③　）で，燃料，給水量，空気量などは（　④　）となる．

Q2 ★★ 蒸気圧力（制御量）に対する操作量は，（　①　）および（　②　）である．

Q3 ★ 蒸気温度（制御量）に対する操作量は，過熱低減器への（　①　）または過熱器への（　②　）である．

Q4 ★★★ ボイラー水位（制御量）に対する操作量は，（　　　）である．

Q5 ★★ 炉内圧力（制御量）の操作量は，（　　　）である．

Q6 ★★ 温水ボイラーの温水温度（制御量）の操作量は，（　①　）および（　②　）である．

Q7 ★★★ 空気比の制御量に対する操作量は，（　①　）および（　②　）である．

解答

Q1 ① 制御量　② 操作量　③ 制御量　④ 操作量

Q2 ① 燃料量　② 燃焼用空気量

Q3 ① 注水量　② 伝熱量

Q4 給水量

Q5 排出ガス量

Q6 ① 燃料量　② 燃焼用空気量

Q7 ① 燃料量　② 燃焼用空気量

Pick Up 解説

Q1 制御対象において一定範囲の値に抑えるべき量を制御量，そのために操作する量を操作量という．

Q2 蒸気圧力を一定に制御するには，蒸気負荷に応じて燃料量と燃焼用空気量を調整する．この場合，制御量は蒸気圧力で，操作量は燃料量と燃焼用空気量である．

Q3 過熱低減器とは，過熱蒸気温度を調整する減温器ではボイラー給水の一部を注入する形式が一般的で，注水量の増減によって蒸気温度を一定に保つ．さらに，過熱器を通る燃焼ガス量を調整して過熱器の伝熱量を変化させて，蒸気温度を一定に保持する方式もある．

Q4 ボイラー水位の変動は，発生蒸気量と給水量の差によるので，水位を一定に保持するには発生蒸気量に見合った給水量になるように操作する．

Q5 炉内圧を一定に保つには，排出ガス量を操作する．

Q6 温水使用量が増加（減少）したとき温水温度が低下（上昇）するので，ボイラーの蒸気圧力制御と同じように燃料量と燃焼用空気量を増やす（減らす）．

Q7 空気比をある値に制御するために，燃料量と燃焼用空気量を操作する．

16. フィードバック制御

Q1 ★★★
フィードバック制御は，（　①　）の値を（　②　）と比較し，その（　③　）が小さくなるように修正動作を繰り返す制御である．

Q2 ★★★
オンオフ動作では，オンとオフの状態での制御量に差が生じ，この差を（　　　）という．

Q3 ★★
比例動作は，（　①　）の大きさに比例して操作量を調節すもので，（　②　）ともいう．

Q4 ★★★
比例動作の制御量は，設定値と少し異なった値でつり合い，これを（　　　）という．

Q5 ★★
ハイ・ロー・オフ動作による燃焼制御は，2 段階に分けた設定圧力によって（　①　），（　②　）および（　③　）の制御を行う．

Q6 ★★
積分動作による制御は，制御偏差量（偏差の積分量）に比例した（　①　）で操作量を増減するように動作し，（　②　）が現れた場合に（　②　）がなくなるように働く．

Q7 ★
微分動作は，偏差の（　①　）に比例して操作量を調整するもので，（　②　）ともいう．

解答

Q1 ① 制御量　② 目標値　③ 偏差

Q2 動作すき間

Q3 ① 偏差　② P 動作

Q4 オフセット

Q5 ① 高燃焼　② 低燃焼　③ 燃焼停止

Q6 ① 速度　② オフセット

Q7 ① 微分値　② D 動作

Pick Up 解説

Q1 フィードバック制御には，次の 5 つの動作がある．(a) オンオフ動作，(b) ハイ・ロー・オフ動作，(c) 比例動作（P 動作），(d) 積分動作（I 動作），(e) 微分動作（D 動作）．

Q3 比例動作は偏差が小さければ，操作量の変化も小さく，偏差が大きければ，操作量の変化も多くなるようにした動作で，P 動作ともいう．

Q4 現在値が設定値に近くなると，操作量が小さくなりすぎ，それ以上細かく制御できない状態が発生する．目標値と制御量のわずかの誤差（ズレ）を「オフセット（Offset）」という．

Q5 高燃焼状態（ハイ）とは，燃焼量 100 %の状態，低燃焼状態（ロー）は，燃焼量 30 ～ 50 %状態をいい，圧力が設定圧力まで上昇すると，リミットスイッチが作動して停止状態になる．

Q6 積分動作は偏差の積分値に比例した速度で操作量を変化させるので，比例動作で生じたオフセットをなくせる．

Q7 微分動作は，偏差が変化する速度（偏差の微分値）に比例して操作量を調整する．したがって，制御偏差があっても変化しなければ動作しない．

17. シーケンス制御

Q1 ★★★
シーケンス制御とは，あらかじめ（　　　）順序に従って，制御の各段階を進めていく制御である．

Q2 ★★
シーケンス制御で異常事態が発生して（　①　）が作動した場合，ボイラーの運転が停止され，故障が除去された後は，手動で（　②　）操作しないと，次の動作に進めない．

Q3 ★
シーケンス制御は，自動洗濯機など（　①　）や（　②　）を自動化する場合に多く用いられる．

Q4 ★★★
ガス爆発を防ぐために，炉内と煙道内の未燃ガスを排除することを（　①　），消火後の残留ガスを排除することを（　②　）という．

Q5 ★★★
ボイラーの自動起動のシーケンス制御のプログラムは，（　①　）→（　②　）→（　③　）→（　④　）である．

Q6 ★★
シーケンス制御で重要なのは，（　①　）と（　②　）である．

Q7 ★★
シーケンス制御段階の進行には（　　　）を用いることが多い．

解答

Q1 定められた

Q2 ① インターロック　② リセット（復帰）

Q3 ① 起動　② 停止

Q4 ① プレパージ　② ポストパージ

Q5 ① 送風機起動開始　② 点火作動
③ 点火用燃料弁開　④ 主燃料弁開

Q6 ① 安全装置機構（インターロック）　② 監視装置

Q7 タイマー

Pick Up 解説

Q1, Q2 シーケンス制御とは洗濯機，信号機やエレベータなど定められた順序に従って制御の各段階を進めていく制御である．フィードバック制御と異なり，訂正動作の機能を持たないので，前段階の制御結果が定められた条件を満たさないときは次の段階に進めないように安全装置を組み込み，制御を中止させる（インターロック）．

Q4 ボイラーを起動するとき，点火前に炉内の未燃ガスによる爆発を防ぐためにプレパージ（点火前換気）を行う．運転終了後の換気をポストパージという．

Q5 送風機を起動させてプレパージ（点火前換気）を開始，数分後の点火作動とほぼ同時に点火用ガスバーナの遮断弁を開き，主バーナに点火する．数秒後，点火用ガスバーナの遮断弁を閉じる．ここで，点火作動とは点火装置が動作することである．

Q6 安全装置機構（インターロック）は，万一操作順序を誤った場合，次の操作に進まないようにする保安回路である．監視装置は制御系が希望の状態になったかを確認する装置のことをいう．

18. 各部の制御－蒸気圧力制御，水位制御，燃焼安全装置

Q1 ★★
蒸気圧力の比例式調節器は，圧力の設定値と実際圧力との偏差から(　①　)によって(　②　)の供給量と燃焼用(　③　)を増減して蒸気圧力の調節を行う．

Q2 ★★★
ドラム水位の制御方式には，(　①　)，(　②　)および(　③　)の3つがある．

Q3 ★
単要素式水位制御は，(　①　)だけを検出し，その変化に応じて(　②　)を調節する．

Q4 ★★
3要素式水位制御は，(　①　)，(　②　)，(　③　)を検出する．

Q5 ★★
燃焼安全装置は，異常消火時にはバーナへの(　①　)の供給を遮断し，障害復旧後は(　②　)で再起動する．

Q6 ★★
硫化鉛セルは，硫化鉛の(　①　)が火炎の(　②　)(ちらつき)によって変化する(　③　)的特性を利用したもので，主に(　④　)バーナなどに用いられる．

Q7 ★★
フレームロッドは，(　①　)の(　②　)に多く用いられる．

解答

Q1 ① 比例動作　② 燃料　③ 空気量

Q2 ① 単要素式　② 2 要素式　③ 3 要素式

Q3 ① ドラム水位　② 給水量

Q4 ① ドラム水位　② 蒸気流量　③ 給水流量

Q5 ① 燃料　② 手動

Q6 ① 抵抗　② フリッカ　③ 電気　④ 蒸気噴霧式

Q7 ① 点火用　② ガスバーナ

Pick Up 解説

Q1 比例式は蒸気の実際圧力と設定値との偏差を検知して燃料供給量と空気量を増減して，圧力を調節する．

Q2 ボイラーの水位制御には，検出の種類に応じて単要素式，2 要素式，3 要素式の 3 つがある．

Q3 単要素式は，ボイラー水位のみを検出し，決められた常用水位と実際の水位の偏差から給水量を調節する．負荷変動が大きい場合には，水位変動が大きくなり，良好な制御が難しい．

Q4 3 要素式は，ドラム水位，蒸気流量，給水流量を検出する．蒸気流量と給水量の差から制御動作を開始し，水位を修正する．

Q5 燃焼安全装置は，燃焼に関するボイラー事故を防ぐために自動制御装置の一部として組み入れられる．異常消火時にはバーナへの燃料供給を直ちに遮断し，復旧後の再起動は自動起動でなく，手動で機能を果たす．

Q6 火炎検出器のうち硫化鉛 (PbS) セルは，光の強さに応じて抵抗値が変化する電気的特性を利用して火炎のフリッカ (ちらつき) を検出して火炎の有無を知る．

第2章

ボイラーの取扱いに関する知識

1. 使用開始前の準備と点検

Q1 圧力計の針が(　①　)を示し，コックが(　②　)であることを確認する.
★★★

Q2 ダンパは，軽く作動し，動作に(　　　)がないか点検する.
★

Q3 ガラス水面計の各コックが(　　　)動くか調べる.
★

Q4 吹出し弁や吹出しコックが(　①　)に動くか(　②　)させてみる.
★★

Q5 逃がし管が(　①　)していないか，また寒い土地では十分な(　②　)防止対策をとる.
★★★

Q6 胴内で油を使用したときは，きれいに(　　　)を拭き取る.
★★

Q7 ボイラー内に(　①　)や(　②　)が残っていないか確かめる.
★

Q8 安全弁は，規定吹出し圧力の調整状態を確認してからは(　　　)してはいけない.
★★★

解答

Q1 ① 0　② 開

Q2 異常

Q3 軽く

Q4 ① なめらか　② 開閉

Q5 ① 閉塞　② 凍結

Q6 油分

Q7 ① 異物　② 工具

Q8 締め直し

Pick Up 解説

Q1 ゲージ圧力は，大気圧で目盛り 0 を示す．圧力計コックの「開」やサイホン管に水が入っていることを確認する．

Q2 ダンパは，風道や煙道に設置され，燃焼用の供給空気や排ガス量を調節したり，遮断したりする可動板で，回転式と昇降式があり，動作の有無を確かめる．

Q3 ガラス水面計のコックは，動く程度にナットを締め付け，軽く動くか確認しておく．

Q4 吹出しコックや吹出し弁を開閉して詰まりがないか，水の排出を確かめておく．吹出し装置は，起動前に吹出し確認を行う．

Q5 温水用の逃がし管の正常作動を確認しておく．

Q6 ボイラー内に油脂がついてないか確認しておく．ボイラー水へのわずかな油分の混入でも加熱面で過熱を引き起こす．ボイラー水は，アルカリ性のため油脂が分解され，水面でホーミング（泡立ちを起こしキャリオーバ（気水共発）の原因となる．

Q7 ボイラー内に異物や工具が残っていないか確かめる．

2. 点火前の点検と準備

Q1 ★★
ドラムの吹出し装置は，正常に作動することを確認してから(　　　)て，漏れがないことを確認する．

Q2 ★★★
ドラムの空気抜き弁は，点火前で圧力のないときは(　①　)，蒸気が発生し始めたら(　②　)とする．

Q3 ★★
主蒸気止め弁は，最初は(　①　)とし，ボイラー圧力が規定圧力に達したら(　②　)とする．

Q4 ★★
水位が常用水位より低い場合は，水の(　　　)を行う．

Q5 ★★
水位が常用水位より高い場合は，(　①　)を行って，水位を(　②　)．

Q6 ★★★
水位が常用水位より高いと，水位を下げるが，これは(　　　)を起こしやすいためである．

Q7 ★★★
重質油(高粘度油)の燃焼で油の加熱温度が適正か確認する．一般にC重油の適正加熱温度は，(　①　)℃，B重油では，(　②　)℃である．

解答

Q1 閉じ

Q2 ① 開　② 閉

Q3 ① 閉　② 開

Q4 補給

Q5 ① 吹出し（ブロー）　② 下げる

Q6 プライミング（水気立ち）

Q7 ① 80 ～ 105　② 50 ～ 60

Pick Up 解説

Q1 吹出し装置が正常に作動することを確認してから「閉」とする．

Q2 ボイラー水の温度上昇によって，はじめ水中に溶けていた空気が気泡となって出てくるので，空気抜き弁は最初「開」とし，蒸気が発生し始めたら「閉」とする．

Q3 ボイラーの圧力を上げるため，最初「閉」にし，規定圧力に達したら「開」にして蒸気を送る．

Q4 常用水位より低い場合は，水を補給する．

Q5, **Q6** 常用水位より高い場合は，ボイラー出口蒸気中にボイラー水が混入する「プライミング（水気立ち）」を起こすので，ブローして水位を下げる．

Q7 B，C 重油の場合，温度が低すぎると高粘度となり流動性が悪く，バーナ噴霧の不良，不着火の原因となるので，B 重油：50 ～ 60 ℃，C 重油：80 ～ 105 ℃に加熱して粘度を下げる．

3. 点火

Q1 ★★★

バーナの油滴に着火するとき，点火棒の炎は上向きになるので，バーナの(　　　)に点火棒を差し入れる．

Q2 ★

複数のバーナが上下に配置されている場合には，(　　　)のバーナから点火する．

Q3 ★★

自動着火のとき主バーナの遮断弁を(　①　)てから，主バーナが着火するまでに許されている上限時間を(　②　)という．

Q4 ★★★

通風機を運転し，まずダンパを(　①　)の位置に設定し換気の後，ダンパを(　②　)位置に設定し，炉内通風圧が(　③　)してから点火する．

Q5 ★

重油だきボイラーを手動操作で点火するときに，最初に開くのは(　　　)である．

Q6 ★★

ハイ・ロー・オフ動作制御において，高燃焼域と低燃焼域があるが，点火はバーナの(　　　)域で行う．

Q7 ★★★

自動制御運転の油だきボイラーが着火しなかった．その原因は(　①　)，燃料の(　②　)と(　③　)の低すぎとダンパ開度が(　④　)にないことである．

解答

Q1 前方下方

Q2 下方

Q3 ① 開い　② 点火制限時間

Q4 ① プレパージ　② 点火　③ 安定

Q5 煙道ダンパ

Q6 低燃焼

Q7 ① 水位　② 圧力　③ 温度　④ 点火位置

Pick Up 解説

Q1 炎は上に向かって伸びるので，点火バーナの油滴に着火しやすいように点火棒はバーナの「前方下方」に置く．

Q2 点火直後の燃焼が安定しないときには，不完全燃焼ガスがバーナと炉底の間に滞留してガス爆発の恐れが生じ，下方から点火する．

Q3 自動着火で主燃料弁を開いて主バーナに点火するが，一定の時間（点火制限時間）2～5秒に着火しないと点火動作が自動停止する．

Q4 プレパージは，最大風量で行うが，点火時は，吹き消えによって着火できない恐れがあるので，ダンパを点火位置にする．

Q5 安全に点火するために最初に行うことは，煙道ダンパを開いて炉内換気を行うことである．

Q6 バーナの点火は，点火時のショックをできるだけ少なくするために少ない燃料時に行う．

Q7 水位が低いと安全低水位面以下になり，ボイラー破裂，低燃料圧力では失火，低燃料温度では噴霧状態が悪化，ダンパが点火位置にないと風量が多すぎて火炎が吹き消える恐れがある．

4. ボイラー運転中の取扱い

Q1 ★★★
ボイラーのたき始めは，ボイラー本体の温度上昇が不均一になるので，（　　　）を急激に増やしてはならない．

Q2 ★★
ボイラーのたき始め，急激な（　①　）を行うと，本体の（　②　）を起こし，（　③　）や管の継手からの（　④　）などの原因となる．

Q3 ★
ボイラー水の温度が上がってくると，水が膨張し，気泡も発生して（　　　）が上昇する．

Q4 ★★★
空気抜き弁は，点火時（　①　）とし，蒸気圧力が上がり，白色の蒸気が出て，空気が完全に抜けたことを確認してから（　②　）とする．

Q5 ★
圧力計の機能は，圧力計の背面を指先で軽く（　　　）などして機能を確認する．

Q6 ★★
蒸気を送り始めるときは，ボイラー出口の主蒸気配管で（　①　）や（　②　）を起こさないように配管を十分に（　③　），主蒸気弁は（　④　）に開く．

Q7 ★★
整備した後に初めて使用するボイラーでは，（　①　）や（　②　）などのふた取り付け部は漏れに関係なく，昇圧中，昇圧後に（　③　）を行う．

解答

Q1 燃焼量

Q2 ① 燃焼　② 不同膨張　③ クラック（割れ）
④ 漏れ

Q3 水位

Q4 ① 開　② 閉

Q5 たたく

Q6 ① ウォータハンマ（水撃作用）
② キャリオーバ（気水共発）　③ 暖め　④ 徐々

Q7 ① マンホール　② 掃除穴　③ 増し締め

Pick Up 解説

Q1, **Q2** たき始めに，急激に燃焼量を増加させると，本体に不同膨張が生じ，無理な熱応力がかかり，クラック（割れ）など損傷の原因となるので，徐々に燃焼させる.

Q3 ボイラーをたき始めると，温度上昇による水膨張とボイラー水中に気泡が発生して水位が上昇するので，吹出し（ブロー）を行って常用水位に保つ.

Q4 ボイラー内部に蒸気が発生し，圧力，温度が上昇し始め，点火時「開」の空気抜き弁から空気が完全に抜けたことを確認してから「閉」とする

Q5 圧力計の背面を指先で軽くたたくなどして機能の良否を確かめる.

Q6 主蒸気弁を急開すると，キャリオーバ（気水共発）やウォータハンマ（水撃作用）が生じるので，配管を十分に暖め，弁は徐々に開く.

Q7 温度上昇によるボルトの伸びによって漏れが生じる恐れがあるので，増し締めを行う.

5. ボイラー運転中の水位と燃焼

Q1 ★★

炉筒煙管ボイラーの安全低水面の位置は，炉筒が煙管より高い場合，炉筒上面より（　　）mm 上部である.

Q2 ★★

炉筒煙管ボイラーの安全低水面の位置は，煙管が炉筒より高い場合，煙管最上面より（　　）mm 上部である.

Q3 ★★★

燃焼量を増やすときは，先に空気量を（ ① ）し，減ずるときは，燃料の供給量を先に（ ② ）させる.

Q4 ★★★

油だきボイラーの燃焼状態は，炎の（ ① ）と炉内の（ ② ）で知ることができる.

Q5 ★★★

油だきボイラーの不完全燃焼の原因は，空気の（ ① ）や油の噴霧粒径が（ ② ）すぎることで生じ，大気汚染の原因となる（ ③ ）や（ ④ ）を発生する.

Q6 ★★★

重油だきボイラーの点火時などに，たき口から火炎が突然炉外に吹き出る現象を（　　）という.

Q7 ★

ボイラーを緊急停止する場合には，まず（　　）の供給を止める.

解答

Q1 100

Q2 75

Q3 ① 増や　② 減少

Q4 ① 色　② 見通し状況

Q5 ① 不足　② 大き　③ すす　④ ばい煙

Q6 逆火（バックファイヤ，ぎゃくか）

Q7 燃料

Pick Up 解説

Q1, **Q2** ボイラーの使用中に維持しなければならない最低の水面を「安全低水面」という．ボイラーの形式ごとに決められ，炉筒ボイラーでは炉筒最高部より100 mm 上部，炉筒煙管ボイラーでは煙管が炉筒の上面より高い場合は煙管最上面より 75 mm 上部である．

Q3 燃料を増減して不完全燃焼を起こさなくするために常に空気量を燃料より多い状態にする．

Q4 油だきボイラーで空気量が適量の場合，炎はオレンジ色で炉内の見通しがきく．空気量が多いと，炎は短く輝白色で炉内は明るい．空気量が少ないと，不完全燃焼で，炎は暗赤色で，すすが発生し見通しがきかない．

Q5 ばい煙とは，SO_X（硫黄酸化物），NO_X（窒素酸化物），ばいじんを含めていう．

Q6 炉内の通風力の不足や空気より先に燃料を供給したり，また着火がおくれたりしたときなどに逆火（バックファイヤ，ぎゃくか）が発生しやすい．

Q7 ボイラーを緊急に停止しなければならないときは，まず，燃料の供給を止める．次に，炉内，煙道の換気そして主蒸気弁を閉じる．

6. ボイラー水の吹出し（ブロー）とスートブロー

Q1 ★
間欠吹出しは，少なくとも１日に（　　　）回以上行う．

Q2 ★★
日常運転の蒸気ボイラーの間欠吹出しは，ボイラーに圧力がある場合は，運転（　　　）に行うのが沈殿物などを排出するのに好適である．

Q3 ★★★
ボイラーの吹出し管に吹出し弁などが直列に２個ある場合，先にボイラーに（　①　）一次側の弁（急開弁）を（　②　），次に遠い二次側の弁（漸開弁）を（　③　）に開く．

Q4 ★
閉回路で使用される温水ボイラーでは，吹出しを（　　　）．

Q5 ★★
スートブローは，燃焼量の低いところで行うと，通風が乱れ，火炎が（　　　）恐れがある．

Q6 ★★
スートブローの前には，スートブロワから（　　　）を十分に抜く．

Q7 ★★★
スートブローを行ったときは，効果を確かめるために（　①　）や（　②　）を測定し，前と比較する．

解答

Q1 1

Q2 前

Q3 ① 近い　② 開き　③ 徐々

Q4 行わない

Q5 消える

Q6 ドレン

Q7 ① 通風損失　② 煙道ガス温度

Pick Up 解説

Q1, Q2 間欠吹出し（缶底ブロー）は，底部に滞留したスラッジ（かまどろ）の排出に適した「ボイラー運転前」，「運転停止時」，「運転負荷の低いとき」に1日1回以上行う．

Q3 吹出しを行うときは，まずボイラー本体に近い急開弁を開き，遠い漸開弁を徐々に開く．閉止するときは，先に漸開弁を閉じ，次に急開弁を閉じる．

Q4 密閉配管ループの温水ボイラーでは水が蒸発していかないので，不純物はほとんど凝縮しないので吹出しは必要ない．開放ループの給湯用温水ボイラーでは酸化鉄，スラッジなどの沈殿があるので休止中に吹出しを行う．

Q5 燃焼量の低いところでスートブローを行うと，排ガス量の変化によって通風が乱れ，火炎が吹き消えることがある．

Q6 ドレンがあると，吹出されたドレンの衝突力によって伝熱管が浸食され，穴が開くことがある．

Q7 ボイラー内部の汚れによって煙道ガス温度の上昇やガスの通風損失の増加が生ずるので，ブローの効果を確認するために通風損失と煙道ガス温度を調べる．

7. 運転中の異常と対策(1)

Q1 ★★★

ボイラーの運転中に発生する障害のうち，特に注意すべき項目は，（　①　），（　②　），（　③　）の 3 つである．

Q2 ★★★

キャリオーバには，ボイラー水が水滴となって蒸気とともに運び出される（　①　）と泡立ちと呼ばれる（　②　）がある．

Q3 ★★

キャリオーバは，（　①　）および（　②　）を急開したときに発生しやすい．

Q4 ★

キャリオーバが発生すると，（　①　）が低下し，工場側で直接蒸気と接触する場合には（　②　）によって製品汚染などの悪影響が生じる．

Q5 ★★

急激にキャリオーバが発生すると，水位制御装置は，水位が（　①　）したものと判断し，水位を下げるので，（　②　）を起こす恐れがある．

Q6 ★★

異常停止の場合，鋳鉄製ボイラーでは，本体が（　①　）でつくられているので，急冷によって（　②　）れる恐れがあるので，いかなる場合でも（　③　）は行ってはならない．

解答

Q1 ① ボイラー水位の異常　② キャリオーバ
③ バックファイヤ（逆火）

Q2 ① プライミング（水気立ち）　② ホーミング（泡立ち）

Q3 ① 高水位　② 主蒸気弁

Q4 ① 蒸気純度　② 不純物

Q5 ① 上昇　② 低水位事故

Q6 ① 鋳物　② 割　③ 給水

Pick Up 解説

Q1 ボイラーで運転中発生する3大障害は，① ボイラー水位の異常，② キャリオーバ，③ バックファイヤ（逆火）である．

Q2 キャリオーバには水滴が蒸気と共に運び出されるプライミングおよび泡が発生して蒸気とともに運び出されるホーミングがある．

Q3 ボイラー水位が高くなると，水面と蒸気取出し口の距離が短くなるので，水滴が蒸気中に同伴しやすい．また主蒸気弁を急開すると蒸気流量の急増から水面が変動しキャリオーバが発生しやすい．

Q4 キャリオーバを食品工場などで発生すると，給水処理で投入された薬品を含む水滴が食品に接触し，食品汚染，異臭などの悪影響がある．

Q5 発生により見かけ上の水位が上昇し，給水量を減らし水位が急激に下がるので，低水位事故に結び付く．

Q6 鋳鉄製ボイラーでは，水位が低下するなどいかなる場合でも給水をしない．急冷によってボイラーの破損や破裂を引き起こす．

8. 運転中の異常と対策(2)

Q1 ★★★
油だきボイラーの点火時に，たき口から火炎が突然炉外に吹出る現象を（　　　）という．

Q2 ★★★
バックファイヤ（逆火）の原因は，通風力（　①　），点火の際の（　②　），または空気より（　③　）に燃料を供給したことによる．

Q3 ★★
ボイラーの運転停止の消火の際は，はじめに（　①　）弁を閉じ，次にダンパを（　②　）して，十分な換気をする．

Q4 ★★★
油だきボイラーの火炎中の火花の発生原因は，油温の（　①　）や通風（　②　）による．

Q5 ★★
油バーナの異常燃焼である「いきづき燃焼」の原因は，燃料油に（　①　）が多く混入していたり，重質油の加熱温度が（　②　）すぎることである．

Q6 ★★
油だきボイラーの異常消火の原因は，（　①　）の過多や不足，バーナやストレーナの（　②　），燃料油弁の（　③　）すぎおよび燃料油に（　④　）やガスが含まれていたときに起こる．

解答

Q1 バックファイヤ（逆火）

Q2 ① 不足　② 着火遅れ　③ 先

Q3 ① 燃料　② 全開

Q4 ① 低すぎ　② 過多

Q5 ① 水分　② 高

Q6 ① 通風量　② 詰まり　③ 絞り　④ 水分

Pick Up 解説

Q1, **Q2** バックファイヤ（逆火）が発生するのは，通風力不足，着火遅れと空気より先に燃料を供給した場合である．バックファイヤ（逆火）は，点火時に発生しやすいが，運転中バーナ火炎が突然消えて燃焼室の余熱によって再着火した場合にも起こる．

Q3 ボイラー運転終了の手順は，① 燃料供給停止，② 空気を送入，炉内と煙道の換気をする，③ 給水して圧力を下げ，給水弁を閉じ，給水ポンプを停止，④ 蒸気弁を閉じ，ドレン弁を開く，⑤ ダンパを閉じる．

Q4 火炎中の火花の原因は，通風過多と油燃料の場合，油温が低すぎて霧状にならないためである．

Q5 油バーナ燃焼で火炎が「バッバッ」と断続する「いきづき燃焼」の原因は，油に水分が多く混入していたり，重質油の加熱温度が高すぎたりするためである．

Q6 突然消火されてしまう異常消火の原因は，通風量の過多や不足，バーナ噴油口やストレーナ（油ろ過板）の詰まり，燃料油弁の絞りすぎ，燃料切れ，停電などによる．

9. ボイラーの運転を停止するときの操作

Q1 ★★
ポストパージの目的は，炉内および煙道の（　①　）を取り除き，（　②　）を防ぐことである．

Q2 ★★★
石炭だきボイラーで運転を一旦停止し，次回の起動のために火のついた石炭を（　①　）として保存しておく方法を（　②　）という．

Q3 ★★
石炭だきボイラーの運転停止で石炭供給停止後，埋火をしないときは，ストーカ上の燃料を（　　　）ておく必要がある．

Q4 ★
油だきボイラーの場合，運転停止の直前に（　　　）の電源を切る．

Q5 ★★
ボイラーの異常停止時や低水位で停止したときは，基本的に給水を（　①　）．通常の運転停止時には給水を（　②　）に行う．

Q6 ★★
ボイラーの運転作業を終了するときには，最初に（　　　）の供給を停止する．

Q7 ★★
ボイラーの運転停止の手順は，最初に（　①　）系統を停止してから，（　②　）系統，（　③　）系統を停止し，最後に（　④　）系統を停止する．

解答

Q1 ① 未燃ガス　② 爆発

Q2 ① 火種　② 埋火（うずみび，うずめび，まいか）

Q3 燃え切らせ

Q4 油加熱器

Q5 ① 行わない　② 多め

Q6 燃料

Q7 ① 燃料　② 給水　③ 蒸気　④ 換気

Pick Up 解説

Q1 ポストパージとは，ボイラーの運転終了後に行う換気のことで，ボイラー起動のときの換気は，プレパージと呼ぶ．

Q2 石炭だきボイラーの運転を一時停止する場合に次の起動の手間を省くために，火のついた石炭燃焼の進行を止め，火種として保存しておく．

Q3 石炭だきボイラーで埋火をしない場合は，ストーカ上の燃料を燃え切らせておく．

Q4 油だきボイラーの場合，運転停止の直前に油加熱器の電源を切る．

Q5 ボイラーの緊急停止時や低水位で停止したときは，給水による急激な温度変化で水管や煙管に損傷を与えるので，給水を行わない．通常時運転停止の場合には，圧力を下げるために必ず多めの給水を行う．

Q6，**Q7** 最初に燃料を止めて消火した後，炉内，煙道の換気を行う．次に，給水を行い，圧力を下げて給水弁を閉じ，給水ポンプを停止する．次に，蒸気弁を閉じ，ドレン弁を開く．最後にダンパを閉じる．

10. 圧力計と安全弁，逃がし弁

Q1 ★★
圧力計の最大目盛は，最高使用圧力の（　①　）倍とするが，一般に（　②　）倍程度のものを選ぶ．

Q2 ★
圧力計，水高計は，機能を害する（　①　）を受けないようにし，内部（　②　）や（　③　）℃以上の温度にしない．

Q3 ★★★
圧力計や水高計のコックのハンドルは，軸の方向と一致するとき（　　　）を確認する．

Q4 ★★
例えば，最高使用圧力が 1 号缶 0.9 MPa，2 号缶 0.7 MPa の 2 台のボイラーが主蒸気管で連絡されている場合，安全弁の設定圧力は最高使用圧力の最も（　①　）ボイラーの最高使用圧力（　②　）とする．

Q5 ★
ボイラーの圧力をゆっくり上げて，安全弁の（　①　）圧力と（　②　）圧力を確認する．

Q6 ★★★
安全弁が設定圧力になっても作動しない場合には，直ちにボイラーの圧力を設定圧力の（　①　）% 程度にまで下げ，（　②　）を緩めて再度試験する．

Q7 ★★★
エコノマイザの逃がし弁（安全弁）は，ボイラー本体の安全弁より（　　　）圧力に調整する．

Q1 ① 1.5 ～ 3　② 2

Q2 ① 振動　② 凍結　③ 80

Q3 開

Q4 ① 低い　② 0.7 MPa

Q5 ① 吹出し　② 吹止り

Q6 ① 80　② 調整ボルト

Q7 高い

Pick Up 解説

Q1 圧力計の最大目盛は最高使用圧力の 1.5 ～ 3 倍とされ，一般に 2 倍程度とする.

Q2 ブルドン管に蒸気が入らないようにサイホン管に水を満たすとともに，80 ℃以上の温度にならないようにする.

Q3 コックは，ハンドルが管軸方向と同一になったときに「開」とする．振動などでハンドルが下がってコックが閉まることがないようにしている.

Q4 複数のボイラーが主蒸気配管で連結されている場合，最も低い最高使用圧力を基準に調整する.

Q5 吹出し圧力と吹止り圧力を正しく設定することを安全弁の調整といい，蒸気圧力を上げて確かめる.

Q6 安全弁の吹止り圧力以下の状態にするため圧力を設定圧力の 80 % 以下（調整中に安全弁が作動しないよう）にして，調整ボルトを緩めて再度試験する.

Q7 エコノマイザの運転圧力は，給水ポンプ側にあるので，ボイラーより圧力は高く，ドラム安全弁より高い圧力に設定する.

11. 水面測定装置と吹出し装置

Q1 ★★
水面計のコックは，ハンドルが管軸と（　①　）になったときに（　②　）となる．

Q2 ★★★
水面計が水柱管に取り付けられている場合は，水柱管の連絡管の途中にある止め金を（　①　）にし，そのハンドルを（　②　）ておく．水柱管の下部の吹出し弁から毎日（　③　）はブローし，水側連絡管の（　④　）を排出する．

Q3 ★★
水面計の機能試験は，たき始めに圧力のないときは，圧力が（　　　）始めたときに行う．

Q4 ★★
水面計の機能試験は，残圧がある場合は，ボイラーを（　　　）始める前に行う．

Q5 ★★
水面計が取り付けられている水柱管のボイラーへの水側連絡管は，水柱管に向かって（　　　）勾配とする．

Q6 ★★
間欠吹出しは，ボイラーの運転前，運転停止時およびボイラー負荷の低いとき，1日に（　　　）以上行う．

Q7 ★★
閉回路で使用する温水ボイラーの吹出しは，（　①　）．一方，開回路の給湯用温水ボイラーでは，（　②　）に適宜吹出しをする．

解答

Q1 ① 直角　② 開

Q2 ① 全開　② 取り外し　③ 1 回　④ スラッジ

Q3 上がり

Q4 たき

Q5 上がり

Q6 1 回

Q7 ① 行わない　② 休止中

Pick Up 解説

Q1 水面計のコックは，圧力計のコックと違ってハンドルが管軸と直角になったときに「開」となる．

Q2 水面計が水柱管に取り付けられている場合は，水柱管と水面計の間の止め弁を全開にし，弁のハンドルを取り外しておく．下部のブロー管より毎日 1 回以上ブローを行い，水側連絡管のスラッジを排出する．

Q3，**Q4** 水面計は，ボイラーの水位を知るのに重要な装置であり，機能試験は，毎日行う．たき始めで蒸気圧力があるときは，点火の直前に，蒸気圧力がない場合は，蒸気圧力が上がり始めたときに行う．

Q5 水面計が取り付けられている水柱管のボイラーへの水側連絡管は，スラッジが溜まらないように水柱管に向かって上がり勾配とする．

Q6 ボイラー水の循環が停止か少ない場合，底部に堆積したスラッジをまとめて 1 日 1 回以上排出する．

Q7 閉回路の温水ボイラーは，水を循環使用するので不純物はほとんど濃縮されずスラッジ生成が少ないので，吹出しの必要はない．開回路では酸化鉄，スラッジなどの沈殿を考慮し，ボイラーの休止中に一部水を入れ替えるときに吹出しを行う．

12. 給水装置

Q1 ★★★
運転前に，ディフューザポンプおよびポンプ前後の配管内の（　　　）を十分に抜く．

Q2 ★★★
ディフューザポンプ起動時は，（　①　）弁を全開にし，電動機を（　②　）し，ポンプ回転と水圧が正常になれば，（　③　）弁を徐々に（　④　）いていく．

Q3 ★★
ディフューザポンプ運転停止時は，（　①　）弁を徐々に（　②　）とし，その後ポンプの運転を（　③　）する．

Q4 ★★★
ディフューザポンプは，（　①　）弁を閉じたまま長時間運転すると，水温が（　②　）してポンプが過熱する．

Q5 ★★
ディフューザポンプ軸には，（　①　）シール方式と（　②　）シール方式がある．

Q6 ★★★
ディフューザポンプのグランドパッキンシール式は，運転中（　①　）が少し滴下する程度にパッキンを（　②　），運転中に増締めができるように（　③　）を残しておく．

Q7 ★★
ディフューザポンプの起動および運転中は，ポンプの（　①　）側の圧力計で（　②　）を確認する．

解答

Q1 空気

Q2 ① 吸込み　② 起動　③ 吐出　④ 開

Q3 ① 吐出　② 閉　③ 停止

Q4 ① 吐出　② 上昇

Q5 ① グランドパッキン　② メカニカル

Q6 ① 水　② 閉め　③ 締め代（しめしろ）

Q7 ① 吐出　② 給水圧力

Pick Up 解説

Q1 空気が入っていると，ポンプを運転しても所要の圧力が得られない場合があるので，起動前に空気を十分に抜いておく．

Q2, Q3 起動時吸込み弁を全開，吐出弁を全閉とし，流量を0にして最少の動力で起動する．停止時は給水の逆流を防ぐために吐出弁を閉じてから，電動機を停止する．

Q4 水が送られず，ポンプ内部でかき回されるのみなので，温度が上昇していく．

Q5, Q6 グランドパッキンシール方式は，軸封部にグランドパッキンと呼ばれる詰め物で軸を封じるが，摩擦熱を冷却するのに，少量の水を滴下する程度にパッキンを締め，なおかつ締め代が残っていることを確認する．メカニカルシール方式の軸については水漏れがないことを確かめる．

Q7 給水ポンプの運転が正常かどうかの判断は，ポンプ出口の給水圧力を確認する．

13. 燃焼安全装置

Q1 ★★★
燃料油用遮断弁には，通常，電磁石の力で弁体が開閉する(　　　)が用いられる.

Q2 ★★
燃料油用遮断弁は，正常時の燃焼中に(　①　)状態で「開」で，停止時や異常時(電源喪失)には遮断弁が(　②　)まる.

Q3 ★★★
燃料油用遮断弁(電磁弁)の故障の原因として電磁コイルの(　①　)低下や(　②　)がある.

Q4 ★★
燃料油用遮断弁(電磁弁)の遮断機構の故障原因として，燃料や配管中への(　　　)の混入がある.

Q5 ★★
フレームアイは，防護ガラスの(　①　)によって(　②　)の検出ができなくなることがある.

Q6 ★★
火炎検出器の性能試験の一方法は，手動で燃料の供給を止め，(　　　)の信号を確認する.

Q7 ★
燃料油用遮断弁(電磁弁)の作動が円滑に行われないとき，電磁コイルが(　　　)する恐れがある.

解答

Q1 電磁弁

Q2 ① 通電　② 閉

Q3 ① 絶縁　② 短絡

Q4 異物

Q5 ① 汚れ　② 火炎

Q6 断火

Q7 焼損

Pick Up 解説

Q1, Q2 コイルに通電で電磁力が生じ，弁体が上がり，「開」となる．停電や電磁弁が故障のときは，コイルに磁力が喪失し，バネの押付け力で弁が閉まる．

Q3 電磁コイルの絶縁低下や短絡などによって，弁体の開閉ができなくなる．点検の際は，絶縁抵抗を測定し，漏電の有無を確認する．

Q4 弁体と弁座との部分にゴミなどの異物がかみ込んで閉じたときに，すき間から燃料が漏れる．

Q5 フレームアイは，火炎の明るさ（放射線）を利用して光電管を用いて火炎の有無を判断して信号を送る装置である．防護ガラスの汚れに注意する．

Q6 性能試験としてボイラーの運転停止直前に燃料弁を閉じて「断火」の信号（警報）を確認する．

Q7 弁体と周囲のガイド部品の間に引っ掛かりや摩擦が大きいと，弁体が作動しにくく，電磁石の力で無理に動かそうとすると，過大な電流が流れ，焼損する恐れが生じる．

14. ボイラーの保全

Q1 ★★★
ボイラーの内面清掃は，（　①　），（　②　）を除去することで，伝熱不良による（　③　）を除くとともに，（　④　），（　⑤　）を防ぐ．

Q2 ★★★
ボイラー伝熱面の外面には燃焼ガスに含まれる（　①　）や（　②　）が付着し，伝熱が阻害される．

Q3 ★★★
ボイラー内のスケールを溶解除去するための酸洗浄には，通常，濃度（　①　）%の（　②　）が用いられる．

Q4 ★★
酸洗浄では，スケールが付着していない部分への（　①　）を防ぐために，（　②　）を添加する．

Q5 ★★
中和防錆処理は，水洗で除去しきれなかった（　①　）を（　②　）させる．

Q6 ★★★
酸洗浄作業中は，（　①　）が発生するので，（　②　）を厳禁とする．

Q7 ★
清掃，修理等のためにボイラー内部に作業者が入るときには，内部に（　①　）が残っていないことおよび内部の（　②　）を十分に行う．

解答

Q1 ①スケール　②スラッジ　③過熱　④腐食
⑤損傷

Q2 ①灰　②すす

Q3 ①3～10　②塩酸

Q4 ①酸腐食　②腐食抑制剤（インヒビタ）

Q5 ①酸液　②中和

Q6 ①水素ガス　②火気

Q7 ①圧力　②換気

Pick Up 解説

Q1 伝熱面の内面には，ボイラー水中の不純物によってスケール，スラッジが生じ，熱伝導率が悪化して管の過熱の原因となるとともに腐食，損傷を伴う．ボイラーの掃除を定期的に行う．

Q2 伝熱面外面には，灰やすすの未燃分が付着する．

Q3，**Q4** 酸洗浄は通常濃度3～10％の塩酸を用い，スケールの付着していない箇所には酸液による腐食が生じるので，抑制剤（インヒビタ）を添加する．

Q5 酸洗浄の処理工程で酸洗浄後水洗によって酸液の除去が十分でなかった残りの酸液を中和防錆処理で中和する．

Q6 酸洗浄作業中は，水素ガスが発生するので，酸液注入から酸洗浄終了まで火気を厳禁とする．

Q7 ボイラー内部に入るためにマンホールの蓋を外すとき，内部に圧力が残っていないか，また，真空になっていないか確認し，酸素不足のないように空気を十分に流通・換気する．

15. ボイラー休止中の保存と水圧試験

Q1 ★★★
ボイラーの休止中の保存方法には，(　①　)保存法と(　②　)保存法の 2 つがある.

Q2 ★★★
乾燥保存法は，休止期間が(　①　)ヶ月程度以上の長期，または(　②　)の恐れがある場合に実施する.

Q3 ★★
乾燥保存法は，保存に先立って蒸気や水が漏れ込まないように外部との連絡配管を(　　　)する.

Q4 ★★
乾燥保存法は，空気中の(　①　)による腐食を避けるために，(　②　)，(　③　)などの吸湿剤をボイラー内の数ヶ所に配置する.

Q5 ★
満水保存法は，(　　　)の運転を必要とする場合で立ち上げ時間を最短にする場合に採用する.

Q6 ★★★
満水保存法では，ボイラー水の管理を行うために，月に(　①　)回，(　②　)，(　③　)および薬剤の(　④　)を測定する．鉄分が増加傾向にあるときは，一度(　⑤　)して，新たに薬剤を入れた給水で満水にする.

Q7 ★★
ボイラーを製造した場合の水圧試験は，最初の最高使用圧力の(　　　)倍の圧力で行う.

解答

Q1 ① 乾燥　② 満水

Q2 ① 3　② 凍結

Q3 遮断

Q4 ① 湿気　② シリカゲル　③ 活性アルミナ

Q5 緊急時

Q6 ① 1，2　② pH　③ 鉄分　④ 濃度　⑤ 全ブロー

Q7 ① 1.5

Pick Up 解説

Q1 ボイラーの保存方法には，休止期間や凍結の恐れなどによって使い分ける乾燥保存法と満水保存法の2つがある．

Q2 乾燥保存法は，休止期間が比較的長期間の3ヶ月程度以上および凍結の恐れがある場合に行う．

Q3 乾燥保存法は，ボイラー内に蒸気や水が漏れこまないように外部との連絡を絶つ．

Q4 乾燥保存法でシリカゲルや活性アルミナなどの吸湿剤を入れるのは，空気中の湿気による腐食を防ぐためである．

Q5 満水保存法は，3ヶ月程度以内の短期間休止や緊急時の再運転を必要とする場合に採用される．

Q6 満水保存法は，保存水の管理のため月に1～2回，pH，鉄分および薬剤の濃度を調べる．鉄分が増加傾向にあるときは腐食が始まっている可能性があるので，全ブローして所定濃度の薬剤を入れた給水で満たす．

Q7 ボイラーを製造した場合の水圧試験は，最高使用圧力の1.5倍，既に設置・使用されているボイラーでは，最高または常用圧力の1～1.1倍で行う．

16. ボイラーの水管理

Q1 ★
ボイラー給水の水源には，（　①　），水道水，（　②　）および（　③　）がある．

Q2 ★★★
水素イオン指数pHは，水（水溶液）が（　①　）性か（　②　）性の度合いを示すものである．

Q3 ★★★
常温（25℃）でpHが7未満は（　①　）性，7は（　②　）性，7を超えると（　③　）性である．

Q4 ★★★
酸消費量とは，（　①　）ともいわれ，水中に含まれる（　②　）分の量を示す値である．

Q5 ★★
水の硬度成分とは，水中の（　①　）イオン，（　②　）イオンになる硬度成分をいう．

Q6 ★★★
全硬度とは，カルシウムイオンおよびマグネシウムイオンを合わせた量を（　①　）の量に換算して試料1L中の（　②　）で表す．

Q7 ★★
酸消費量は，pH（　①　）とpH（　②　）の2つに区分される．酸消費量pH8.3とは，（　③　）をpH（　④　）まで中和するのに必要な（　⑤　）の消費量をいう．

解答

Q1 ① 天然水（自然水）　② 復水（ドレン）
③ ボイラー用処理水

Q2 ① 酸　② アルカリ

Q3 ① 酸　② 中　③ アルカリ

Q4 ① アルカリ度　② アルカリ

Q5 ① カルシウム　② マグネシウム

Q6 ① 炭酸カルシウム　② mg（mg/L）

Q7 ① 8.3　② 4.8　③ アルカリ分　③ 8.3　④ 酸

Pick Up 解説

Q1 天然水（自然水）は，河川，湖沼または地下水であり，復水は使用蒸気が凝縮してドレンとして戻されるものである．ボイラー用処理水は，給水用に処理した軟化水やイオン交換水である．

Q2，**Q3** ボイラー水中の pH は，pH＞7 のアルカリ性にして，鉄のイオン化を減少させて，腐食を抑性する．一般に，pH＝10～11 で腐食量が最少とされ，これより上昇すると，腐食量は，逆に多くなる．

Q4 酸消費量とは，ボイラー水のアルカリの程度を知る数値で，アルカリ性を中和させるのに必要な酸の量で，炭酸カルシウム（$CaCO_3$）に換算して，試料 1 L中の mg 数で表す．

Q5，**Q6** 水の硬度とは水中のミネラル類（無機質の金属，鉱物ガラスなど）のうちカルシウムとマグネシウムの合計含有量の指標で，全硬度は，カルシウム，マグネシウムイオンの量に対応する炭酸カルシウムの量に換算，mg/L 数で表す．

Q7 酸消費量 pH8.3 とは，アルカリ分を pH8.3 まで中和するのに必要な酸消費量をいう．酸消費量（pH4.8）＞酸消費量（pH8.3）となる．

17. ボイラー水中の不純物と障害

Q1 ★★★
給水中に含まれる溶存気体の(　①　)や(　②　)は，腐食の原因となる．

Q2 ★★
スケールの熱伝導率は，軟鋼と比べて非常に(　①　)ので，ボイラーの伝熱面に付着すると，伝熱管の(　②　)や(　③　)，熱効率の低下が起こる．

Q3 ★★
給水中の(　①　)残留物は，ボイラー内で徐々に(　②　)され，飽和状態となって析出し，(　③　)となって伝熱面に付着する．

Q4 ★
腐食は，一般に(　①　)作用などにより鉄が(　②　)して生ずる．

Q5 ★
腐食の形態によって(　①　)腐食とピッチングやグルービングなどの(　②　)腐食がある．

Q6 ★★
酸消費量を調整して，(　　　)のイオン化を減少させて腐食を抑性する．

Q7 ★★★
鉄が濃度の(　①　)い水酸化ナトリウムと反応して腐食することを(　②　)という．

解答

Q1 ① O_2（酸素）　② CO_2（二酸化炭素）

Q2 ① 小さい　② 過熱　③ 腐食

Q3 ① 溶解性蒸発　② 濃縮　③ スケール

Q4 ① 電気化学的　② イオン化

Q5 ① 全面　② 局部

Q6 鉄

Q7 ① 高　② アルカリ腐食

Pick Up 解説

Q1 溶存気体の O_2，CO_2 は，鉄と接触すると，酸化腐食を起こす．

Q2 スケールの熱伝導率は，軟鋼の熱伝導率 50 W/（m・K）程度に対してその 1/20 ～ 1/100 と小さく，熱抵抗となって過熱，腐食の原因となる．

Q3 伝熱面に固着した不純物をスケールと呼び，固着しないでボイラー底部に堆積した不純物をスラッジという．

Q4 異なる種類の金属が接触すると，電位差が生じ電流が流れイオンが発生し，金属が腐食する．

Q5 ピッチング（孔食）は，金属表面に孔状に深い穴が開き，グルービング（溝状腐食）は，溝状につながってできる局部腐食をいう．

Q6 アルカリ度の程度を示す酸消費量によってボイラー水の pH を調整してアルカリ性を保持し，イオン化を減少させて腐食を防ぐ．

Q7 鉄は酸性の水に良く溶けるので，アルカリ性（pH＝10 ～ 11）にして腐食を防止している．しかし，pH がさらに上昇し，高温になってくると水酸化ナトリウムが濃縮し，激しいアルカリ腐食を起こす．

18. 補給水の処理

Q1 ★★★ 水に溶けている溶解性蒸発残留物を除去する方法として，（　①　）法と（　②　）法がある.

Q2 ★★★ イオン交換法の1つである単純軟化装置は，ボイラー水の（　　　）成分を除去する.

Q3 ★★ 膜処理法は，（　　　）を用いて純水を得る方法である.

Q4 ★★★ 軟化装置でイオン交換樹脂の交換能力が減退したとき，一般に（　①　）を流して（　②　）を吸着させてイオン交換能力を再生させる.

Q5 ★★ 給水中のシリカは，単純軟化法では，除去できず，陰イオンを除去できる（　　　）製造法が必要となる.

Q6 ★★★ 軟化装置の処理水の（　①　）は，（　②　）を超えると，増加していくので，（　③　）を流してイオン交換能力を（　④　）させる.

Q7 ★ 脱気とは給水中の（　①　）や（　②　）などの（　③　）気体を除去することである.

解答

Q1 ① イオン交換　② 膜処理

Q2 硬度

Q3 半透膜

Q4 ① 食塩水　② Na イオン（Na^{+}）

Q5 イオン交換水

Q6 ① 残留硬度　② 貫流点　③ 食塩水　④ 再生

Q7 ① O_2　② CO_2　③ 溶存

Pick Up 解説

Q1 固形物の不純物を除去した後には，水に溶けている不純物が残る．この溶解性蒸発残留物を除去するのに，イオン交換法や膜処理法などがある．

Q2, **Q4**, **Q6** 強酸性陽イオン交換樹脂を充填したNa塔に給水を通過させて，給水中の硬度成分のCaイオンとMgイオンを樹脂に吸着させ，樹脂のNaイオンと置換させる．樹脂の交換能力が減退してきたら（貫流点），食塩水によりNaイオンを吸着させ，交換能力を復元させる．これを再生という．

Q3 膜処理法（逆浸透法）は，溶媒を通すが，溶質（Ca, Mgなど）を通さない半透膜を利用する．膜の片側に圧力を加えて，純水だけが一方に通過する．

Q5 シリカは，水中では陰イオンとなって存在しているので，単純軟化法で使用されているNa形イオン交換樹脂は，陽イオン交換のためシリカを除去できない．イオン交換水製造法が必要となる．

Q7 脱気には，給水を加熱して溶存気体（O_2，CO_2）を除去する加熱脱気法が一般であるが，他に真空脱気や気体透過膜脱気法がある．

19. ボイラー系統内処理

Q1 ★
水の処理には，給水タンク以降の脱気器やボイラー内での水処理を扱う(　①　)処理と給水タンクに入る前の水処理の(　②　)処理に分かれる．

Q2 ★★
真空脱気器とは，内部を(　①　)にして給水に溶けている酸素等の気体が膨張，泡として(　②　)する装置である．

Q3 ★★
膜脱気法は，(　①　)を使って，片側に水，反対側を真空にして(　②　)などの気体を分離，除去する．

Q4 ★★★
化学的脱気法には，酸消費量を調節する付与剤として(　①　)，(　②　)がある．

Q5 ★★
軟化剤には，(　①　)，(　②　)がある．

Q6 ★★★
ボイラー水の脱酸素剤には，(　①　)，(　②　)および(　③　)がある．

Q7 ★★
吹出し(ブロー)量は，一般にボイラー水中の(　①　)の濃度または(　②　)を測定して決定する．

解答

Q1 ① 系統内　② 補給水

Q2 ① 真空　② 脱気

Q3 ① 気体透過膜　② 酸素

Q4 ① 水酸化カリウム（KOH）　② 炭酸ナトリウム（$NaCO_3$）

Q5 ① 炭酸ナトリウム　② リン酸ナトリウム

Q6 ① タンニン　② 亜硫酸ナトリウム　③ ヒドラジン

Q7 ① 塩化物イオン　② 電気伝導率

Pick Up 解説

Q1 給水タンク以降の水処理の系統内処理には，水中の酸素などを除去する脱気と pH 調節やスケール付着防止のためのボイラー水の不純物除去がある．

Q2, **Q3** 溶存気体を除去する脱気には，装置を使う物理的脱気と脱酸剤を使う化学的脱気がある．物理的脱気法には，加熱，真空，膜の脱気法がある．

Q4 KOH と $NaCO_3$ は，化学反応で脱酸素する付与剤として低圧ボイラー水をアルカリ性にする薬品である．

Q5 軟化剤とは，ボイラー水中の硬度成分を不溶性のスラッジに変えるための薬剤をいう．炭酸ナトリウムは，低圧用，リン酸ナトリウムは，高圧ボイラーで用いられる．

Q6 ボイラー水の脱酸素の薬品として，タンニンは，低圧用，亜硫酸ナトリウムは，脱気器後の残存酸素の除去，ヒドラジンは，生成物が窒素と水であるから蒸発残留物を増加させないので，高圧ボイラーで用いられる．

Q7 水質を維持するための吹出し量は，濃縮された塩化物の濃度または不純物量と関係する電気伝導率を測定して決める．

第3章

燃料および燃焼に関する知識

1．燃料の概説

Q1 ★
ボイラーで使用される燃料は，（　①　），（　②　），（　③　）に分類できる．

Q2 ★★★
燃料組成を分析する方法には，（　①　）分析，（　②　）分析，（　③　）分析がある．

Q3 ★★
燃料の工業分析では，（　①　）燃料を気乾試料として，（　②　），（　③　）および（　④　）を測定し，残りを（　⑤　）として質量%で表す．

Q4 ★★
液体・固体燃料の元素分析の成分の組み合わせは，（　①　），（　②　），（　③　），（　④　），（　⑤　）で質量%として表す．

Q5 ★★
気体燃料の成分分析は，（　①　），（　②　）などの含有成分を測定し，（　③　）%で表す．

Q6 ★★★
着火温度とは，燃料が火炎などの点火源（　①　）で燃え始める（　②　）の温度をいう．

Q7 ★★★
引火点とは，燃料の加熱よって（　①　）が発生し，これに小火炎を近づけると光を放って，瞬間的に燃え始めるときの（　②　）の温度をいう．

解答

Q1 ① 液体燃料　② 気体燃料　③ 固体燃料

Q2 ① 元素　② 成分　③ 工業

Q3 ① 固体　② 水分　③ 灰分　④ 揮発分　⑤ 固定炭素

Q4 ① 炭素（C）　② 水素（H）　③ 酸素（O）
④ 窒素（N）　⑤ 硫黄（S）

Q5 ① メタン　② エタン　③ 容積

Q6 ① なし　② 最低

Q7 ① 蒸気　② 最低

Pick Up 解説

Q1 気体，液体，固体燃料以外の特殊燃料としてバーク（樹皮），バガス，黒液，木くず，都市ごみ，古タイヤなどがある．

Q2 燃料組成の分析では，液体・固体燃料の場合，元素分析，気体燃料の場合，成分分析を行う．なお，石炭などの固体燃料の場合，工業分析である．

Q3 気乾試料とは，室温空気中に放置して水分が平衡に達するまで乾燥させた試料をいう．すなわち，固定炭素＝100−(水分[%]＋灰分[%]＋揮発分[%])とする．

Q4 液体・固体燃料の元素分析は，燃料の組成のC，H，N，Sを測定し，100から引いて酸素（O）とする．

Q5 成分分析は，天然ガス，液化石油ガス（LPG），石炭ガスなどの気体燃料を対象とし，メタン，エタン，プロパンなどの含有成分で表す．

Q6 着火温度とは，点火源なしに加熱による温度上昇で燃え始める最低の温度をいう．

Q7 引火点とは，液体燃料を加熱し，表面から可燃性の蒸気を発生し，小火炎を近づけると燃え始める最低の温度をいう．

Q1 重油は，(　　　)によりA重油(1種)，B重油(2種)，C重油(3種)に分類される．
★

Q2 重油の密度は，温度が上昇すると(　　　)する．
★★

Q3 A重油は，C重油に比べて密度が(　①　)，単位質量当たりの発熱量が(　②　)．
★★★

Q4 密度の小さい重油は，引火点が(　　　)．
★★

Q5 密度の大きい重油は，粘度が(　　　)．
★★

Q6 重油の粘度は，温度が(　　　)すると，低くなる．
★★★

Q7 A重油に比べて粘度が(　①　)いB，C重油ではバーナの噴霧に適した粘度にするように，重油を(　②　)する．
★★★

Q8 油が低温になり，流動状態を保つことができる最低温度を(　　　)という．
★★

Q9 A重油は，B重油より凝固点や流動点が(　①　)く，油温度が低くても流動(　②　)．
★★

解答

Q1 動粘度

Q2 減少

Q3 ① 小さく　② 大きい

Q4 低い

Q5 高い

Q6 上昇

Q7 ① 高　② 加熱

Q8 流動点

Q9 ① 低　② しやすい

Pick Up 解説

Q1 粘度は「流れにくさ」を示し，A 重油，B 重油，C 重油の順に大きく流れにくくなる．

Q2 温度が上がると，重油の体積は膨張，増加するから，密度＝質量÷体積より減少する．

Q3 A 重油は C 重油に比べて密度は小さく，単位質量当たりの発熱量は大きくなる．

Q4 密度の小さい重油は，高品質で，引火点が低い．

Q5 密度の大きい重油は，低品質で，粘度が高い．

Q6, **Q7** 重油の温度を上げていくと粘度が下がり，輸送しやすくノズルの噴霧状態が良くなる．粘度の高い B，C 重油は，粘度を下げるために加熱（B 重油：50 〜 60 ℃，C 重油：80 〜 105 ℃）して使用する．

Q8, **Q9** 凝固点とは低温で流動性を失い，凝固するときの最高温度で，流動点は一般に凝固点より 2.5 ℃高い温度をいう．A 重油は，B 重油より凝固点，流動点は低く，流動しやすい．

3. 重油の成分による障害

Q1 ★★
重油に含まれる硫黄は，燃焼するとボイラーの低温伝熱面に(　　　)を生じさせる．

Q2 ★
重油に含まれる灰分量は，石炭と比べると，(　　　)．

Q3 ★★
重油に含まれる(　①　)は，高温火炎で溶け，伝熱面に付着すると，伝熱を(　②　)するので，(　③　)を行って除去する．

Q4 ★★★
重油中に水分が多いと，貯蔵タンクのなかで重油の不純物が分離して(　①　)と反応して(　②　)を生ずる．

Q5 ★★★
重油中に水分が多いと，(　　　)燃焼を起こす．

Q6 ★★
ストレーナで除去する灰分中のバナジウムは，高温伝熱面で(　　　)を起こす．

Q7 ★★★
重油に含まれる(　　　)が多いほど，ばいじん量が増加する．

Q8 ★★
燃料中の残留炭素は，燃焼しにくいので，燃え切らない残留炭素は，(　　　)となって煙突から排出され，公害の原因となる．

解答

Q1 低温腐食

Q2 少ない

Q3 ① 灰分　② 阻害　③ スートブロワ

Q4 ① 水　② スラッジ

Q5 いきづき

Q6 高温腐食

Q7 残留炭素

Q8 ばいじん

Pick Up 解説

Q1 硫黄（S）は燃焼によって二酸化硫黄（SO_2）となり，余剰酸素と反応して三酸化硫黄（SO_3），次に，燃焼ガス中の水蒸気と反応して硫酸蒸気となる．これが空気予熱器などの低温部分と接触して露点以下になると凝縮して硫酸となり，伝熱面を腐食させる（低温腐食）．

Q2 灰分は，石炭中で普通 10 ～ 20 %に対して重油中では 0.1 %以下と非常に少ない．

Q3 灰分は高温火炎で溶け燃焼ガスとして伝熱面で冷やされ，付着して伝熱を阻害する．

Q4 スラッジとは，重油に溶けない沈殿物や堆積物で，泥，砂，鉄さび，その他の不純物をいう．

Q5 いきづき燃焼とは，炎の勢いが間欠的に強くなったり，消えそうになったりする燃焼状態をいう．

Q6 燃料油の灰分中のバナジウムは，過熱器管に溶けた状態で付着し，管外面を激しく腐食させる．これを高温腐食（バナジウムアタック）という．

Q7，Q8 燃料中の燃え切らない残留炭素は，ばいじんとなって煙突から排出され，公害をもたらす．

4. 気体燃料

Q1 ★★★

気体燃料（都市ガス）は，（ ① ）などの炭化水素を主成分とし，液体や固体燃料に比べると，成分中の炭素に対する水素の比率が（ ② ）.

Q2 ★

気体燃料（都市ガス）を燃焼させたときのCO_2の発生割合は，同一発生熱量に対して液体燃料の約（ ① ）%，固体燃料の約（ ② ）%と小さい.

Q3 ★★

気体燃料（都市ガス）の成分として硫黄，窒素および灰分は（ ① ）く，伝熱面，火炉壁を汚染することはほとんど（ ② ）.

Q4 ★★

気体燃料のうち液化石油ガス（LPG）は，密度が空気より（ ① ）ため，漏えいすると窪み部などの（ ② ）に滞留する.

Q5 ★

気体燃料の燃料費は，同一発生熱量当たり他の燃料と比べて（ ）.

Q6 ★★

気体燃料は，液体燃料に比べると，体積当たりの発熱量が極めて（ ）.

Q7 ★★★

気体燃料（都市ガス）は，漏えいすると，可燃性混合気体をつくりやすく，（ ）の危険性が強い.

解答

Q1 ① メタン　② 高い

Q2 ① 75　② 60

Q3 ① 少な　② ない

Q4 ① 大きい　② 底部

Q5 高い

Q6 小さい

Q7 爆発

Pick Up 解説

Q1 気体燃料（都市ガス）の成分は，メタン（CH_4），エタン（C_2H_6）などの炭化水素がほとんどであるので，炭素の対する水素の比率が高い．

Q2 炭素に対する水素比率が高いため CO_2 の発生量は少なく，石炭の約 60 %，液体燃料の約 75 % と CO_2 削減に有効である．

Q3 硫黄，窒素分，灰分の含有量が少ないので，硫黄酸化物（SO_X），窒素酸化物（NO_X）の発生が少なく，灰分もないので伝熱面への汚れも少ない．

Q4 LPG の比重は空気 1 に対して 1.5 ～ 2.0 と大きいので，漏えいすると低い所に滞留する．一方，LNG の比重は約 0.64 で天井など高所に滞留する．

Q5 発熱量当たりの燃料費は，液体，固体燃料に比べて割高で，管径も太くなり，配管費，制御機器などの設備費用も高い．

Q6 気体燃料の単位体積当たりの発熱量は，重油の約 1/1000 と非常に小さい．

Q7 気体燃料は，容易に空気と混合し，可燃性の混合気体をつくりやすく，爆発の危険性が強い．

Q1 ★★★
褐炭から瀝青炭(れきせいたん)，無煙炭となるに従って，成分中の酸素は(　①　)し，炭素は(　②　)する.

Q2 ★★★
石炭の燃料比とは，固定炭素÷(　①　)の質量比で，炭化度が進むほど(　②　)なる.

Q3 ★★★
石炭の炭化度の進んだものほど，揮発分は(　①　)く，単位質量当たりの発熱量は，(　②　)くなる.

Q4 ★★
灰分は不燃分であるから，灰分が多いと石炭の発熱量が(　　　).

Q5 ★★
石炭の水分は，褐炭で(　①　)%，瀝青炭，無煙炭で(　②　)%である.

Q6 ★★
石炭が炉内で加熱されると，まず(　①　)が放出され(　②　)となって燃焼する.

Q7 ★
廃タイヤ，工場廃棄物および産業廃棄物は一般家庭の廃棄物に比べて，発熱量は(　　　).

Q8 ★
バガスとは，製糖工場で(　①　)を圧搾し，糖汁を絞った(　②　)のことである.

解答

Q1 ① 減少　② 増加

Q2 ① 揮発分　② 大きく

Q3 ① 少な　② 大き

Q4 減少する

Q5 ① 5 ～ 15　② 1 ～ 5

Q6 ① 揮発分　② 長炎

Q7 大きい

Q8 ① 砂糖きび　② かす

Pick Up 解説

Q1 石炭は，褐炭，瀝青炭，無煙炭に分類される．ボイラー用の固体燃料として最も多く用いられる石炭は，地下に埋設した太古の植物が地熱や圧力を受け脱水反応によって酸素が減少し，炭素が増加する．

Q2 炭化度が進むほど，固定炭素が増加し，揮発分が減少するので，燃料比（＝固定炭素÷揮発分）は，大きくなる．

Q3 炭化度が進むと，炭素が増えて可燃分が増えるので，単位質量当たりの発熱量は，大きくなる．

Q4 灰分は，不燃分であるから灰分が多いと，発熱量は，減少する．

Q5 水分は，石炭内部に含まれる水をいう．

Q6 石炭では加熱されると，まず揮発分が出て長炎となって燃え，徐々に固定炭素が燃焼する．

Q8 製糖工場で砂糖きびを圧搾し，糖汁を絞ったかすをバガスといい，燃料として使用できる．

6. 燃焼概論

Q1 ★★
燃焼とは，光と熱の発生を伴う急激な（　　　）である．

Q2 ★★
燃焼のための 3 つの要素とは，（　①　），（　②　），（　③　）である．

Q3 ★★★
燃焼に大切なのは，（　①　）と（　②　）である．

Q4 ★
理論空気量とは，燃料を（　①　）させるために必要な最も（　②　）空気量をいう．

Q5 ★★★
空気比とは，（　①　）を（　②　）で除した値である．

Q6 ★★
ボイラー燃焼は，燃料と空気を接触させ，燃料の温度が（　　　）以上に維持されている必要がある．

Q7 ★★
ボイラーの熱損失のうち最も大きいのは，（　　　）損失である．

Q8 ★★★
発熱量には，高発熱量と低発熱量の 2 通りある．（　①　）発熱量とは，発生した水蒸気の（　②　）分を（　③　）発熱量から差し引いた熱量をいう．

解答

Q1 酸化反応

Q2 ① 燃料　② 空気（酸素）　③ 温度（点火源）

Q3 ① 着火性　② 燃焼速度

Q4 ① 完全燃焼　② 少ない

Q5 ① 実際空気量　② 理論空気量

Q6 着火温度

Q7 排ガス

Q8 ① 低　② 潜熱　③ 高

Pick Up 解説

Q1 燃焼とは燃料と酸素が反応して急激に酸化し，多量の熱と光を放出する現象である．

Q2 燃焼は，3 つの要素（燃料，空気，温度）がそろわないと継続できない．

Q3 着火性が良く，燃焼速度が速いほど，一定量の燃料を完全燃焼させるのに必要な燃焼室を小さくできる．

Q4 理論空気量は，燃焼に必要な酸素量を空気中の酸素割合（容積比 21 %，質量比 23.2 %）で除して求められる．

Q5 空気比は，実際空気量を理論空気量で除した値で，一般に 1 以上の値をとる．

Q6 点火源の温度や火炎の周囲温度が着火温度以上になっていないと，火炎が冷却されて失火する恐れがある．なお，着火温度とは，他から引火しないで燃え始める最低温度のことである．

Q7 ボイラーの熱損失としては，① 排ガスとなって煙突へ放出される排ガス損失，② 不完全燃焼の未燃損失などがあるが，排ガス損失が最も大きい．

7. 液体燃料の燃焼

Q1 液体燃料の燃焼方式には，主として（　　　）燃焼法が用いられる．
★★★

Q2 重油は，油漏れや点火操作に注意しないと炉内（　　　）を起こす恐れがある．
★

Q3 液体燃料の油滴は，バーナタイルから離れたところで急激に（　①　）し，それ以降は（　②　）が分解し，完全に気化燃焼を行う．
★★★

Q4 重油燃焼は，石炭燃焼に比べ，重油と空気の接触混合が速やかに行われるので，（　　　）過剰空気で完全燃焼させられる．
★★

Q5 重油燃焼は，燃焼温度が（　①　）ため，ボイラーの局部（　②　）や炉壁の（　③　）を起こしやすい．
★★★

Q6 一般にB重油の加熱温度は，（　①　）℃，C重油では，（　②　）℃である．
★★

Q7 ボイラーの燃料油タンクには，（　①　）タンクと（　②　）タンクがある．
★★

Q8 サービスタンクの貯油量は，一般に（　①　）の（　②　）時間分以上とする．
★★

解答

Q1 噴霧式

Q2 ガス爆発

Q3 ① 気化　② 固体残渣粒子（こたいざんさりゅうし）

Q4 少ない

Q5 ① 高い　② 過熱　③ 損傷

Q6 ① 50 ～ 60　② 80 ～ 105

Q7 ① 貯蔵　② サービス

Q8 ① 最大燃料量　② 2

Pick Up 解説

Q1 噴霧式燃焼法は，燃料油をバーナで噴霧，霧化して燃焼させる方法で，油温を適切にし，油の粘度を下げ，噴霧の微粒化を容易にする．

Q2 弁やバーナ先端からの油漏れによって気化し，炉内ガス爆発の恐れがある．

Q3 バーナ先端で油滴となって噴霧され，バーナタイルからの放射熱で気化し，炉内の熱によって気化が進み，残った粒子も熱分解，気化して燃焼が終了する．

Q4 重油の油滴は，小さく，接触面積が大きくなるので，少ない過剰空気で完全燃焼させられる．

Q5 重油は，単位質量当たりの発熱量が高く，空気比も小さいため，燃焼温度も高く局部的な過熱や炉壁の損傷を起こしやすい．

Q7，**Q8** サービスタンクの容量が小さいと，貯蔵タンクからの移送ポンプが常時運転となり，故障すると支障が出る．また油漏れがあると，油が流出して空になる恐れがあるので，最大蒸発量に相当する燃料量の 2 時間分以上，貯蔵タンクは 1 週間～ 1 ヶ月分とする．

8. 油バーナの種類と構造

Q1 ★★★

バーナが，どの程度広い範囲で連続して燃焼できるかを示す指標に（　①　）があり，最大油量と失火直前の（　②　）の比をいう．

Q2 ★★

圧力噴霧式バーナは，油量のターンダウン比（負荷調整範囲）が（　　　）．

Q3 ★★

戻り油式圧力噴霧バーナは，単純な圧力噴霧バーナに比べてターンダウン比が（　　　）．

Q4 ★★★

蒸気（空気）噴霧式バーナは，圧力をもつ蒸気（空気）を導入して油の（　①　）に利用するもので，ターンダウン比は（　②　）．

Q5 ★★

低圧気流噴霧式バーナは，（　①　）kPa の比較的低圧の空気を霧化媒体として油を（　②　）する．

Q6 ★★

回転式バーナは，霧化媒体を用いず，（　①　）を利用して回転軸に取り付けたカップの内面で油膜を（　②　）する．

Q7 ★

ガンタイプバーナは，（　①　）式バーナを（　②　）と一体化したもので，燃焼量の調整範囲は（　③　）く，（　④　）容量のボイラーに多く利用される．

解答

Q1 ① ターンダウン比（負荷調整範囲） ② 最小油量

Q2 狭い

Q3 広い

Q4 ① 霧化 ② 広い

Q5 ① 4 ～ 10 ② 微粒化

Q6 ① 遠心力 ② 微粒化

Q7 ① 圧力噴霧 ② ファン ③ 狭 ④ 小

Pick Up 解説

Q1, **Q2** 圧力噴霧式バーナは，圧力の加減によって油量を調節するために，油量を減らすと油圧が下がり噴霧状態が悪く，ターンダウン比は狭い．ターンダウン比は，最大油量と矢火直前の最小油量の流量比のことをいう．例えば，ターンダウン比 10：1 とはバーナ流量を 1/10 まで減らしても安定燃焼が得られることである．

Q3 戻り油の量の加減によって油圧を下げないで噴射量を調整できるので，ターンダウン比が広くなる．

Q4 高圧蒸気や圧縮空気の膨張エネルギーを利用し，ターンダウン比は，広い．

Q5 高い空気圧力を必要としない低容量ボイラーに利用される．

Q6 霧化媒体を使用せず，遠心力を利用して油を微粒化する．

Q7 単純な圧力噴霧式バーナとファンを一体化したもので，燃料量の調整範囲は狭く，小容量のボイラーに多く利用される．燃料制御はオンオフ動作で用いられるものが多い．

9. 気体燃料の燃焼

Q1 ★★
気体燃料の燃焼では，液体燃料のような（　①　）や（　②　）のプロセスは，必要としない．

Q2 ★★★
気体燃料の燃焼方式には，（　①　）燃焼方式と（　②　）燃焼方式がある．

Q3 ★★
（　　　）燃焼方式は，燃料ガスと空気を別々にバーナへ供給する方式で，ボイラー用バーナのほとんどがこの方式である．

Q4 ★★★
拡散燃焼方式は，高温に予熱した空気が使用でき，（　　　）の危険性がない．

Q5 ★★
（　①　）燃焼方式は，ガスと空気をあらかじめ混合して燃焼させるもので，安定な火炎をつくりやすいが，（　②　）の危険性がある．

Q6 ★
気体燃料は，重油のように燃料の（　①　）や（　②　）を必要としない．

Q7 ★★★
気体燃料は，油燃料に比べて火炎の（　①　）が低いために，ボイラーの放射伝熱量が（　②　）し，代わりに対流伝熱量が（　③　）する．

解答

Q1 ① 微粒化　② 蒸発

Q2 ① 予混合　② 拡散

Q3 拡散

Q4 逆火（バックファイヤ）

Q5 ① 予混合　② 逆火（バックファイヤ）

Q6 ① 加熱　② 霧化媒体

Q7 ① 放射率　② 減少　③ 増加

Pick Up 解説

Q1 気体燃料の場合，微粒化や蒸発のプロセスは，必要でなく，単に空気と適当な割合で混合すればよい．

Q2, **Q3** 予混合燃焼は，あらかじめ燃料ガスに空気を混合してバーナへ，拡散燃焼は，燃料ガスと空気を別々にバーナへ供給する．

Q4 拡散燃焼は，燃焼用空気の予熱が可能で，バーナ先端で燃料ガスと空気が混合するので，逆火（ぎゃくか）の危険性がない．

Q5 予混合燃焼では，バーナ先端での燃焼速度が燃料の噴出速度より速くなると，バーナ内部に火炎が逆流する逆火が起こる．

Q6 重油の場合，粘度低下のための加熱やバーナでの蒸気や空気の霧化媒体を必要とするが，気体燃料では，不要となる．さらに，燃料中の硫黄分や灰分が少ないので，伝熱面や火炉壁を汚すことが少ない．

Q7 ガス火炎は，油火炎に比べて放射率が低いので，火炉での放射伝熱量が減り，接触伝熱面での対流伝熱量が増える．

10. ガスバーナ

Q1 ★★
ガスバーナは，燃焼機構によって（　①　）形バーナと（　②　）形バーナに分けられる.

Q2 ★★★
ボイラー用ガスバーナのほとんどが（　　　）燃焼方式である.

Q3 ★★
ガスバーナの拡散燃焼方式では，高温に（　①　）した空気を用いたり，（　②　）を予熱して使用したりできる.

Q4 ★★
予混合燃焼方式は，大容量バーナには利用されにくいが，ボイラー用として（　　　）に利用されることがある.

Q5 ★★★
ガス燃料噴出ノズルの型式には，（　①　）タイプ，（　②　）タイプ，スパッドタイプ，（　③　）タイプがある.

Q6 ★
予混合燃焼方式で一次空気量が理論空気量より少なく，燃焼時に不足の空気が二次空気として必要となるものを（　　　）燃焼方式という.

Q7 ★★
拡散燃焼方式を利用した最も基本的なバーナは，空気流の中心のガスノズル先端からガスを放射状に噴射する（　　　）バーナである.

解答

Q1 ① 拡散　② 予混合

Q2 拡散

Q3 ① 予熱　② ガス

Q4 パイロットバーナ

Q5 ① センター　② リング　③ アニュラー

Q6 部分予混合

Q7 センタータイプ

Pick Up 解説

Q1, **Q2** ガスバーナは，拡散形バーナと予混合形バーナに分けられる．気体燃料だきボイラーのほとんどが逆火（ぎゃくか）の恐れがない拡散形バーナを採用する．

Q3 拡散燃焼方式は，ガスと燃焼用空気を別々に供給し，逆火の恐れがなく，高温に予熱した空気を用いたり，ガスを予熱して用いたりすることもある．

Q4 大容量バーナには，予混合燃焼の逆火の危険性のため，利用されにくい．しかし，安定火炎が得られるので，燃焼量がほぼ一定なパイロット（点火）バーナに利用されることがある．

Q5 ガス燃料噴出ノズルの型式によってセンタータイプ（中央筒形），リングタイプ，スパッドタイプ，アニュラータイプがある．

Q6 予混合燃焼には一次空気量が理論空気量より多く，二次空気を必要としない完全予混合と一次空気量が理論空気量より少ない部分予混合燃焼（ガスレンジなど）がある．

Q7 拡散燃焼方式を採用した最も基本的なバーナで，空気流の中心にガスノズルがあり，先端から放射状に燃料ガスを噴出，燃焼させる．

11. 固体燃料の燃焼

Q1 石炭の燃焼方式には，（　①　）燃焼，（　②　）燃焼，（　③　）燃焼などがある．
★★★

Q2 火格子燃焼方式には，（　①　）燃焼と（　②　）燃焼の 2 つがある．
★

Q3 石炭燃料の流動層燃焼方式は，層内温度を（　①　）℃に制御するので，（　②　）の発生が少ない．一方，ばいじんの排出が多いので，（　③　）の設置が必要である．
★★★

Q4 流動層燃焼では，（　①　）を流動層内に送入するので，（　②　）ができ，（　③　）の排出が抑えられる．
★★

Q5 流動層燃焼は，石炭のほか，（　①　）や（　②　）などの低質な燃料（発熱量の低い燃料）でも使用できる．
★★

Q6 流動層燃焼は，微粉炭だきに比べ，石炭粒径が（　①　）mm と大きく，粉砕動力が（　②　）．
★★★

Q7 流動層内では熱伝導率が（　①　），伝熱性能が（　②　）ので，ボイラーの伝熱面積を（　③　）できる．
★★

解答

Q1 ① 火格子　② 微粉炭バーナ　③ 流動層

Q2 ① 上込め　③ 下込め

Q3 ① 700 ～ 900　② 窒素酸化物　③ 集じん装置

Q4 ① 石灰石 ($CaCO_3$)　② 炉内脱硫
③ 硫黄酸化物 (SO_X)

Q5 ① 木くず　② 廃タイヤ

Q6 ① 1 ～ 5　② 小さい

Q7 ① 大きく　② 良い　③ 小さく

Pick Up 解説

Q1 石炭などの固体燃料の燃焼方式は，火格子燃焼，微粉炭バーナ燃焼，流動層燃焼，移動床ストーカ燃焼のどれかになる．

Q2 上込め燃焼は，燃料を上部から，下込め燃焼は燃料を火格子の下から供給する．

Q3 流動層燃焼は，石炭灰の溶融を防ぐために流動層の層内温度を 700 ～ 900 ℃に制御するので，窒素酸化物 (NO_X) の発生が少ないが，ばいじんの排出が多いので，集じん装置が必要である．

Q4 流動媒体に石灰石を加えるので，燃料中の硫黄分と反応して炉内脱硫ができる．

Q5 層内に高温で多量の流動媒体があるので，木くずや廃タイヤなども燃焼させられる．

Q6 微粉炭だきでは，微粉炭機（ミル）で石炭を約 0.1 mm に粉砕して粉状にするので，大きな動力を必要とする．

Q7 層内で流動媒体と燃料が混ざり合って撹拌されるので，熱伝達特性は，良好で伝熱面積を小さくできる．

12. 燃焼による大気汚染物質と抑制

Q1 ★★★ ボイラーの燃焼により発生する大気汚染物質には，（　①　），（　②　），（　③　）がある．

Q2 ★ 燃料を燃焼させたときに生じる固体粒子には，（　①　）と（　②　）がある．

Q3 ★★★ 燃焼によって生じる NO_X には，（　①　）NO_X と（　②　）NO_X の2つがある．

Q4 ★★ サーマル NO_X の抑制には，局所的高温域が生じないように燃焼温度を（　　　）する．

Q5 ★★ サーマル NO_X の抑制には，高温燃焼域における燃焼ガスの滞留時間を（　　　）する．

Q6 ★★★ NO_X 抑制への燃焼方法の改善には，（　①　）燃焼法，（　②　）燃焼法および（　③　）法などがある．

Q7 ★★ 重油ボイラーのバナジウムによる高温腐食を防止する方法の1つとして，空気比の（　①　）状態で運転し，融点の（　②　）バナジウムを生成させる．

Q8 ★ 排ガス中の NO_X は，大部分が（　①　）で，SO_X は大部分が（　②　）である．

解答

Q1 ① 硫黄酸化物（SO_X） ② 窒素酸化物（NO_X）
③ ばいじん

Q2 ① すす ② ダスト

Q3 ① サーマル ② フューエル

Q4 低く

Q5 短く

Q6 ① 二段 ② 濃淡 ③ 排ガス再循環

Q7 ① 低い ② 高い

Q8 ① NO（一酸化窒素） ② SO_2（二酸化硫黄）

Pick Up 解説

Q1, Q2 大気汚染防止法では，硫黄酸化物，窒素参加物，ばいじんなどを包括してばい煙という．ばいじんは，工場の煙突の煙や炭坑などのじん埃（あい）の中に含まれるすすやダストの微粒子をいう．すすは燃焼によって分離した炭素が遊離炭素として残ったもので，ダストは灰分が主体で，若干の未燃分が含まれる．

Q3, Q4, Q5 サーマル NO_X は，空気中の窒素が高温酸化して生じ，フューエル NO_X は，燃料（フューエル）中の窒素化合物の酸化反応で生じる．空気中の窒素によるサーマル NO_X は，燃焼温度が高いほど，高温域での滞留時間が長いほど多く発生する．

Q6 二段燃焼は，空気を 2 段階に分けて供給し，燃焼のピーク温度を下げる．濃淡燃焼は，空気を過剰に投入する部分と燃料を過剰に投入する部分に分けて，低い酸素濃度のところで不完全燃焼を，高い酸素濃度部分で二次的に燃焼させ，全体の燃焼温度を下げる．

Q7 重油の灰分に含まれるバナジウムが酸化して高温伝熱面に融着するのを防ぐために，低酸素燃焼で高融点のバナジウム酸化物をつくる．

13. 燃焼室

Q1 ★★★ 燃焼室は，(　①　)燃焼を完結させるのに必要な大きさとする．すなわち，燃焼室の構造は，燃焼ガスの炉内(　②　)時間を炉内燃焼(　③　)時間より長くする．

Q2 ★★ ボイラーに供給される燃焼用空気には，(　①　)空気と(　②　)空気がある．

Q3 ★ 火格子燃焼における(　　　)空気は，上向き通風では火格子から燃料層を通して供給される．

Q4 ★★★ ボイラーの熱損失のうち最も大きいのは，煙突に逃げる排ガスの(　　　)である．

Q5 ★★ 単位時間における燃焼室単位容積当たりの発生熱量 [kW/m^3] を(　　　)という．

Q6 ★ 燃焼温度は，(　①　)の種類，燃焼用(　②　)および(　③　)などによって変わる．

Q7 ★★★ 実際空気量と理論空気量の比を(　①　)といい，一般に実際空気量の方が理論空気量より(　②　)．

解答

Q1 ① 完全　② 滞留　③ 完結（終了）

Q2 ① 一次　② 二次

Q3 一次

Q4 保有熱

Q5 燃焼室熱負荷

Q6 ① 燃料　② 空気温度　③ 空気比

Q7 ① 空気比　② 多い

Pick Up 解説

Q1 燃焼は，燃焼室内で完結させる．火炎が伝熱管に接触すると，局部的な過熱や火炎の冷却によってばいじんが発生する．

Q2 一次空気は，燃料の周辺に供給され，着火や気化の初期燃焼を安定させる．二次空気は，燃焼室内に供給され，燃料と空気の混合を良好にする．

Q3 火格子燃焼においては，燃焼用空気の大部分を一次空気が占める．

Q4 燃焼ガスを煙突へ排出する保有熱で，熱損失中最も大きい．

Q5 燃焼室において単位時間，単位容積当たり発生する熱量をいう．水管ボイラーの油・ガス燃焼では，200 ～ 1200 kW/m^3 の値をとる．

Q6 燃焼温度は，燃料の燃焼熱＝燃焼ガス量×比熱×温度変化から求められるので，燃料の種類，空気温度，空気比が関係する．

Q7 燃焼を完全に行うには，実際空気量を理論空気量より少し多めにする．空気比を μ，実際空気量を A，理論空気量を A_0 とすると，空気比 $\mu = A/A_0 > 1$ である．

14. 通風（ドラフト）

Q1 ★★★
通風には，煙突を利用した（　①　）通風とファンを用いる（　②　）通風の2つがある．

Q2 ★★
煙突によって生じる自然通風力は，煙突内と外気の（　①　）に（　②　）を乗じて求められる．

Q3 ★★★
人工通風には，（　①　）通風，（　②　）通風，（　③　）通風がある．

Q4 ★★
押込通風は，（　①　）を用いて燃焼用空気を大気圧より（　②　）圧力の炉内に押し込むものである．

Q5 ★★
誘引通風は，燃焼ガスを（　①　）または（　②　）入口に設置した（　③　）によって誘引し，煙突に放出する．

Q6 ★★
平衡通風は，（　①　）ファンと（　②　）ファンを併用し，炉内圧は大気圧より少し（　③　）調節する．

Q7 ★★★
平衡通風は，（　①　）通風よりも大きな動力を要するが，誘引通風より動力は（　②　）．

解答

Q1 ① 自然　② 人工（機械的）

Q2 ① 密度差　② 煙突高さ

Q3 ① 押込　② 誘引　③ 平衡

Q4 ① ファン　② 高い

Q5 ① 煙道　② 煙突　③ ファン

Q6 ① 押込　② 誘引　③ 低く

Q7 ① 押込　② 小さい

Pick Up 解説

Q1 通風力とは，炉や煙道に通風を起こさせる圧力差のことで，単位はPa（パスカル）またはkPa（キロパスカル）を用いる.

Q2 煙突内の高温排ガスと外の大気との密度差に基づく浮力が通風力となる．したがって，ガスの温度が高いほど，煙突の高さが高いほど，通風力は，大きくなる.

Q3, Q4, Q5, Q6 人工通風には，押込，誘引，平衡通風がある．押込通風は，ファンを用いて強制的に空気を押込むので，燃焼室の圧力は，大気圧より高い．誘引通風は，ファンを用いて燃焼ガスを誘引するので，炉内圧は，大気圧より低い．平衡通風は，押込ファンと誘引ファンを併用し，炉内圧を大気圧よりわずかに低くし，炉内圧を一定になるように誘引ファンの通風力を調節する.

Q7 動力の大きさは，誘引通風＞平衡通風＞押込通風となる．押込ファンだけでは常温の空気を扱うのに対して誘引ファンだけでは，排ガス量が燃焼用空気に比べて多く，大きな動力が必要となる.

15. ファン，ダンパ

Q1 ★★★
ファンには，（ ① ）形，（ ② ）形および（ ③ ）形の3つがある．

Q2 ★★
多翼形ファンは，小型，軽量であるが，（ ① ），（ ② ）および（ ③ ）には適さない．

Q3 ★★
ラジアル形ファンは，構造が簡単であるから十分な（ ① ）があり，耐摩耗性材料を用いれば摩耗，腐食に（ ② ）．

Q4 ★★★
後向きファンは，効率が（ ① ）く，（ ② ），（ ③ ），（ ④ ）に適する．

Q5 ★★
ラジアル形ファンは，形状が（ ① ）で，プレートの取替えが（ ② ）である．

Q6 ★★
ダンパは，（ ① ）を調節し，ガスの（ ② ）を制御する．

Q7 ★★
ダンパの種類には，（ ① ）式と（ ② ）式がある．

Q8 ★
ダクトの点検は，各部の（ ① ）や（ ② ）について行うとともに，内部を（ ③ ）することも必要で，水洗いできるものは（ ④ ）を用いて行う．

解答

Q1 ① 多翼　② ラジアル（プレート）
③ 後向き（ターボ）

Q2 ① 高温　② 高圧　③ 大容量

Q3 ① 強度　② 強い

Q4 ① 高　② 高温　③ 高圧　④ 大容量

Q5 ① 簡単　② 容易

Q6 ① 通風力　② 流れ

Q7 ① 回転　② 昇降

Q8 ① 漏れ　② 腐食　③ 清掃　④ 温水

Pick Up 解説

Q1, **Q2**, **Q3**, **Q4** 主なファンには，多翼形，ラジアル（プレート）形，後向き（ターボ）形の３つがある．多翼形は，羽根の形は簡単であるが，スポット溶接の取り付けのため強度が弱く，高温，高圧，大容量には適さない．ラジアル形（プレート形）は，耐食性，耐摩耗性の材料を選べば，腐食や摩耗に強いファンとなる．後向きファン（ターボ形ファン）は，構造が簡単で大型化しやすく，材料に耐熱性，耐摩耗性のものにすれば，ダストを含む高温燃焼用ガスのファンとして使用できる．

Q5 羽根が平板で，強度があり，摩耗，腐食に強く，構造，形状も簡単でプレートの取り替えも容易である．

Q6, **Q7** ダンパは，配管中の弁のようなもので，風道や煙道に設置され，通風力を調節したり，流れを遮断したり，流れの方向を切り替える．これには軸を回転してダンパ板を開閉する回転式と一枚のダンパ板を上下に昇降させる昇降式がある．

関係法令

1. ボイラーの区分と取扱者

Q1 ★
ボイラーは，その規模によって（　①　），（　②　），ボイラーの 3 つに区分される．

Q2 ★★
簡易ボイラーは，取扱作業には，資格などの制限は（　　　）．

Q3 ★★
小型ボイラーは，簡易ボイラーよりも規模が（　①　）ボイラーで，（　②　）を受けた者であれば，免許がなくても取り扱える．

Q4 ★★★
簡易ボイラー，小型ボイラーを除くボイラーは，（　　　）を取得したものでなければ取り扱えない．

Q5 ★★★
2 級ボイラー技士免許があれば，伝熱面積が（　　　）m^2 未満のボイラーの作業主任者になれる．

Q6 ★★★
伝熱面積 A [m^2] が $30 < A < 250$ m^2 の貫流ボイラーは，ボイラー取扱作業主任者として（　　　）以上が必要とされる．

Q7 ★★
法規上ボイラーになっているが，取扱資格者の関係から伝熱面積が 14 m^2 以下のボイラーを（　①　）といい，ボイラー技士の代わりに（　②　）で良い．

解答

Q1 ① 簡易ボイラー　② 小型ボイラー

Q2 ない

Q3 ① 大きい　② 特別教育

Q4 ボイラー技士免許

Q5 25

Q6 2級ボイラー技士免許

Q7 ① 小規模ボイラー　② ボイラー取扱技能講習終了者

Pick Up 解説

Q1 ボイラーは，規模の大きいほど危険度が高く，法令などによる規制も激しい．ボイラーの規模は，ボイラー＞小型ボイラー＞簡易ボイラーである．

Q2 簡易ボイラーは，構造規格遵守は義務づけられているが，「ボイラー及び圧力容器安全規則」を除外され，監督官庁による検査も義務づけられていない．

Q3 小型ボイラーは，事業者が実施する特別教育を受けていれば，ボイラー技士免許がなくても取り扱える．

Q4 ゲージ圧力1 MPa以下，伝熱面積 A [m^2] が $5 < A < 10$ m^2 の多管式貫流ボイラー（管寄せ150 mm以下，気水分離器なし）は，小型ボイラーに属し，特別教育を受けたものは，免許がなくても取り扱える．

Q6 貫流ボイラーであれば，2級ボイラー技士免許で伝熱面積250 m^2 未満について作業主任者になれる．

Q7 伝熱面積14 m^2 以下の温水ボイラーで小型，簡易ボイラーを除くものは，小規模ボイラーと呼び，ボイラー技士の代わりにボイラー取扱技能講習修了者で良い．

2. 伝熱面積の算定法

Q1 ★★★

ボイラーの燃焼によって生じた熱は，燃焼ガスから水に伝達されるが，伝熱面積は，(　　　)に触れる側の面積をとる．

Q2 ★

伝熱面積において，丸ボイラーの場合の煙管は，(　①　)側で，水管ボイラーの水管は，(　②　)側で計算する．

Q3 ★★

貫流ボイラー以外の水管ボイラーの伝熱面積は，水管および管寄せの場合燃焼ガスが触れる(　①　)側の面積である．耐火れんがに覆われた水管(水冷壁)については，管外側の壁面に対する(　②　)とする．

Q4 ★★★

貫流ボイラーについては，(　①　)入口から(　②　)入口までの水管の(　③　)に触れる側の面積を伝熱面積とする．

Q5 ★★★

ボイラーの部分のうち，(　①　)，(　②　)，(　③　)，(　④　)，(　⑤　)は，伝熱面積に算入しない．

Q6 ★★

電気ボイラーの場合，電力設備容量(　①　)kWを(　②　)m^2と換算して，ボイラーの最大電力設備容量を換算して伝熱面積とする．最大電力設備60 kWの電気ボイラーの伝熱面積は，(　③　)m^2となる．

解答

Q1 燃焼ガス

Q2 ① 内径　② 外径

Q3 ① 外径　② 投影面積

Q4 ① 燃焼室　② 過熱器　③ 燃焼ガス

Q5 ① ドラム　② 節炭器（エコノマイザ）
③ 空気予熱器　④ 過熱器　⑤ 気水分離器

Q6 ① 20　② 1　③ 3

Pick Up 解説

Q1，**Q2** 伝熱面積は，ボイラーの蒸気（または温水）の発生能力を表す尺度である．水管や煙管などの伝熱面積は，燃焼ガスに触れる側の面積をとる．

Q3 耐火れんがに覆われた水管の伝熱面積は，管の外側の投影面積をとる．ひれ付管については，ひれの面積に一定の係数を乗じた面積とする．

Q4 貫流ボイラーの過熱器の面積は，伝熱面積に算入しない．

Q5 水管ボイラーのドラム（胴），節炭器，過熱器，空気予熱器，さらに貫流ボイラーの気水分離器は伝熱面積に算入されない．

Q6 最大電力設備 60 kW の電気ボイラーの伝熱面積は，電力設備容量 20 kW を 1 m^2 に換算するので，60 ÷ 20＝3 m^2 である．また，圧力 0.1 MPa 以下，最大電力設備容量 160 kW の電気を熱源とする温水ボイラーの場合も同様に 20 kW を 1 m^2 に換算して伝熱面積 160 ÷ 20＝8 m^2 となる．したがって，160 kW の電気を熱源とする温水ボイラーの場合，小型ボイラーの区分となり，特別教育の受講のみで取り扱える．

3. 圧力容器

Q1 ★

蒸気，温水ボイラーまたは第一種，第二種圧力容器にあっては，最高使用圧力とは，構造上使用可能な最高の（　　　）圧力のことである．

Q2 ★★★

第一種と第二種圧力容器の違いは，中に入れる物体の状態が異なる．第一種圧力容器は，圧力が大気圧をこえるものや大気圧の（　①　）以上の温度の（　②　）を保有する容器，第二種圧力容器は，（　③　）MPa 以上の（　④　）を内部に保有する容器をいう．

Q3 ★★

第一種圧力容器は，タンクの大きさや内圧によって，規制の厳しい順から次の（　①　），（　②　），（　③　）の 3 つに区分される．

Q4 ★★

小型圧力容器とは，ゲージ圧力 [MPa] と内容積 [m^2] の積が（　①　）を超え，（　②　）以下の容器である．

Q5 ★★★

第二種圧力容器は，ゲージ圧力（　①　）MPa 以上の（　②　）を保有する容器のうち，(i)内容積≧（　③　）m^3，または(ii)胴内径が（　④　）mm 以上でかつ長さが（　⑤　）mm 以上の(i),(ii)いずれかに該当する容器をいう．

解答

Q1 ゲージ

Q2 ① 沸点　② 液体（飽和液）　③ 0.2
④ 気体（ガス）

Q3 ① 第一種圧力容器　② 小型圧力容器
③ 簡易容器

Q4 ① 0.004　② 0.02

Q5 ① 0.2　② 気体　③ 0.04　④ 200　⑤ 1000

Pick Up 解説

Q1 圧力容器は，「大気圧と異なる一定圧力で気体や液体を貯留するように設計された容器」のことで，ガスボンベや蒸気ボイラー，圧縮空気タンクなどが該当する．法律によって規格ごとに圧力容器は，分類され，製造や設置などの段階で労働局などによる検査が義務づけられている．

Q2，Q3 第一種と第二種は中身が飽和液か気体かによって決まる．例えば，第一種圧力容器としては，蒸煮器，殺菌器，反応器，原子炉関連容器，蒸発器，蒸留器，蒸気アキュムレータ，フラッシュタンク，脱気器などが該当する．第二種圧力容器としては，空気タンクがある．

Q4 最高使用圧力と内容積の区分では，第一種圧力容器は $pV > 0.02$，小型圧力容器は $0.004 \leqq pV \leqq 0.02$，簡易容器は $0.001 \leqq pV \leqq 0.004$ である．ここで，p：最高使用圧力 MPa，V：内容積 m^3

Q5 第二種圧力容器と簡易容器の圧力区分は，0.2 MPa である．

Q1 ★★
ボイラーの製造に着手する前に，（　　　）を申請しなければならない．

Q2 ★
ボイラーを製造したときは，ボイラーを使用して良いかどうかを決める（　　　）検査を受けなければならない．

Q3 ★★
ボイラーを設置しようとする事業者は，（　①　）を設置工事開始の（　②　）日前までに（　③　）に提出しなければならない．

Q4 ★★★
ボイラーの設置工事が終了したときは，（　　　）を受ける必要がある．

Q5 ★
溶接によるボイラーについては，（　①　）検査に合格した後でなければ（　②　）検査を受けることができない．

Q6 ★
附属設備（過熱器，節炭器）や気水分離器を有しない（　①　）は，溶接があっても溶接検査を受ける必要は（　②　）．

Q7 ★★★
（　①　）検査に合格すると，ボイラー（　②　）が交付される．

Q8 ★★★
性能検査に合格したボイラー（　①　）の有効期間は，原則（　②　）年である．

解答

Q1 製造許可

Q2 構造

Q3 ① ボイラー設置届　② 30
③ 所轄労働基準監督署長

Q4 落成検査

Q5 ① 溶接　② 構造

Q6 ① 貫流ボイラー　② ない

Q7 ① 落成　② 検査証

Q8 ① 検査証　② 1

Pick Up 解説

Q1, **Q2** 小型，簡易ボイラーを除くボイラーを製造しようとする者は，設計，工作などを審査するために所轄都道府県労働局長に製造許可申請書を提出する．ただし，すでに許可を受けているボイラーと同一形式のボイラーでは，改めて製造許可を受ける必要はない．ボイラーを製造したときは，ボイラー構造規格に適合しているか構造検査を受ける．

Q4 落成検査は，構造検査に合格していなければ，受けられない．移動式ボイラーにおいては，落成検査は省略される．

Q5, **Q6** ボイラーの溶接については，放射検査や試験片による機械的試験を受ける必要がある．ただし，気水分離器や過熱器，節炭器を有しない貫流ボイラーは，溶接検査を必要としない．

Q7, **Q8** ボイラー検査証を交付されていないボイラーは，使用できない．検査証の有効期間は，原則 1 年である．

5. ボイラーの変更，休止，廃止

Q1 ★★

ボイラーの安全上，重要な部分を変更しようとする場合は，ボイラー(　①　)を変更工事開始の(　②　)日前までに提出する．

Q2 ★★

ボイラーの変更工事が終了したときは，(　　　)検査を受けなければならない．

Q3 ★★

ボイラー検査証の有効期間を超えてボイラーの使用を休止する場合，ボイラーの(　　　)を提出しなければならない．

Q4 ★★★

休止したボイラーの使用を再開する場合は，(　　　)検査を受けなければならない．

Q5 ★

ボイラーの使用を廃止した場合は，ボイラー(　①　)を(　②　)に返還する．

Q6 ★★★

使用を廃止した溶接によるボイラーを再設置する場合の手続き順序は，(　①　)→(　②　)→(　③　)である．

Q7 ★★★

ボイラーを輸入した場合は，(　　　)検査を受けなければならない．

Q8 ★★★

ボイラー検査証の有効期間を(　①　)したい場合は，(　②　)検査を受けなければならない．

Q1 ① 変更届　② 30

Q2 変更

Q3 休止報告

Q4 使用再開

Q5 ① 検査証　② 所轄労働基準監督署長

Q6 ① 使用検査　② 設置届　③ 落成検査

Q7 使用

Q8 ① 更新　② 性能

Pick Up 解説

Q1, **Q2** 変更届出の設備は，胴，炉筒，鏡板，管板，管寄せ，ステー，節炭器，過熱器，燃焼装置，据付基礎を含む．変更後 10 日以内に検査証の書替えを受けなければならない．

Q3 休止報告を所轄労働基準監督署長に報告しなければならない．

Q4 再使用の場合，所轄労働基準監督署長の使用再開検査を受ける．廃止したボイラーを再設置する場合，使用検査を受ける．

Q5 廃止したボイラーを再び設置する場合は，都道府県労働局長による使用検査を受ける．

Q6 溶接検査は，製造過程で受けており，再度受ける必要はない．まず使用検査を受けなければならない．

Q7 ボイラーを輸入した者は，設置に先立って使用検査を受けなければならない．

Q8 ボイラー検査証の有効期間が満了する前に受ける検査である．

6. ボイラー室の設置と管理

Q1 ★★
ボイラーは，（　　　）に設置しなければならない．

Q2 ★★
伝熱面積（　　　）m^2 以下のボイラーは，作業などの隅に障壁なしで設置することができる．

Q3 ★★
ボイラー室には，ボイラーを取り扱う者が緊急時に避難するのに支障がない場合を除き，（　　　）以上の出入口を設けること．

Q4 ★★
可燃物がボイラーから（　　　）以内にあるときは，金属以外の不燃性の材料で被覆しなければならない．

Q5 ★★★
重油の燃料タンクをボイラー室に置く場合，ボイラーの外側から（　　　）以上離す．

Q6 ★★★
ボイラー最上部から天井，配管など上部にあるものまでの距離は（　①　）以上，側部にある構造物までの距離は（　②　）以上離す．

Q7 ★★
ボイラー室には，ボイラー（　①　）の資格と氏名，ボイラー（　②　）を掲示する．

Q8 ★
温水ボイラーの返り管，逃がし管は，（　　　）しないようにする．

解答

Q1 ボイラー室

Q2 3

Q3 2ヶ所

Q4 0.15 m

Q5 2 m

Q6 ① 1.2 m　② 0.45 m

Q7 ① 取扱作業主任者　② 検査証

Q8 凍結

Pick Up 解説

Q1 ボイラー室とは，ボイラー専用の建物，または建物の中の障壁で区画された場所をいう．

Q2 移動式ボイラー，屋外式ボイラーおよび伝熱面積 3 m^2 以下のボイラーは，ボイラー室に設置しなくてよい．

Q3 ボイラーを取り扱う労働者が，緊急の場合に避難するのに支障がない場合，出入口は 1ヶ所で良い．

Q4 可燃物がボイラー，金属製煙突および煙道から 0.15 m 以内にあるときは，金属以外の不燃性材料で被覆する．

Q5 ボイラー室に重油タンクを設置する場合，ボイラーの外側から 2 m 以上，固体燃料の場合は，1.2 m 以上離す．

Q6 本体を被覆していないボイラーまたは立てボイラーは，ボイラー外壁から壁，配管その他のボイラー側部にある構造物までの距離を 0.45 m以上とする．

Q7 見やすい場所に掲示しておく．

Q8 返り管と逃がし管は，常に温水で満たされているわけではなく凍結しやすいので，注意する．

7. ボイラー部品，附属装置の規格

Q1 ★★★
伝熱面積が（　①　）m^2 を超える蒸気ボイラーには，安全弁を（　②　）個設ける.

Q2 ★★
過熱器用安全弁は，ボイラー本体の安全弁よりも（　　　）に吹き出すようにする.

Q3 ★★★
水の温度が 120 ℃以下の温水ボイラーには，（　①　）または（　②　）を，（　③　）℃を超える温水ボイラーには（　④　）を設ける.

Q4 ★★
験水コックは，原則として（　①　），（　②　）水位，（　③　）水位の位置とし，3ヶ所以上取り付ける.

Q5 ★
貫流ボイラーおよび最高使用圧力 0.1 MPa 未満の蒸気ボイラーは，給水弁のみの取り付けで良く，（　　　）は不要である.

Q6 ★★
貫流ボイラーを除く蒸気ボイラーには，吹出し弁または吹出しコックを取り付けた（　　　）を備えなければならない.

Q7 ★★
圧力（　①　）MPa を超えて使用する蒸気ボイラーおよび温水温度（　②　）℃を超える温水ボイラーは，鋳鉄製にしてはならない.

Q8 ★★
最高使用圧力（　　　）MPa を超えるボイラーの水柱管は，鋳鉄製にしてはならない.

解答

Q1 ① 50　② 2

Q2 先

Q3 ① 逃がし弁　② 逃がし管　③ 120　④ 安全弁

Q4 ① 安全低水面　② 常用　③ 最高

Q5 逆止め弁

Q6 吹出し管

Q7 ① 0.1　② 120

Q8 1.6

Pick Up 解説

Q1 伝熱面積が 50 m^2 以下の蒸気ボイラーでは安全弁は 1 個でもよい.

Q2 ボイラー本体の安全弁が先に吹き出すと，過熱器内の蒸気量が減少，停止するので，過熱器の焼損の恐れが生じる．したがって，過熱器用安全弁の方が先に吹き出すようにする.

Q3 120 ℃を超える温水ボイラーには，逃がし弁の取り付けは不可で，内部の圧力を最高使用圧力以下に保持できる．安全弁を設けなければならない.

Q5 問に示した以外のボイラーでは，給水管に給水弁および逆止め弁を取り付けなければならない.

Q6 最高使用圧力 1 MPa 以上の蒸気ボイラー（移動式ボイラーを除く）の吹出し管には，吹出し弁を 2 個以上，または吹出し弁と吹出しコックをそれぞれ 1 個以上直列に取り付ける必要がある.

Q7, **Q8** 鋳鉄は耐圧性に弱く，もろい特性をもつ.

8. ボイラー取扱作業主任者の職務と定期自主検査

Q1 ★★
事業者は，ボイラー規模に応じて（　　　）を選任しなければならない．

Q2 ★★
ボイラー取扱作業主任者は，ボイラーの（ ① ），（ ② ）および（ ③ ）状態を監視し，（ ④ ）装置の機能を1日（ ⑤ ）回以上点検しなければならない．

Q3 ★★
ボイラー取扱作業主任者の職務について，給水装置の機能の保持に努めると規定されているが，（ ① ）の機能の点検は規定されていない．ただし，（ ② ）検査に関し，（ ① ）の機能の異常の有無について点検しなければならない．

Q4 ★★★
ボイラーの定期自主検査は，（ ① ）ヶ月以内に1回，大きく分けて（ ② ）本体，（ ③ ）装置，（ ④ ）装置，附属装置および附属品の4項目について行う．

Q5 ★★
ボイラーの定期自主検査の記録は，（　　　）年間保存しなければならない．

Q6 ★
煙道の自主点検事項は，（ ① ）その他の損傷の有無および（ ② ）の異常の有無である．

解答

Q1 ボイラー取扱作業主任者

Q2 ① 圧力　② 水位　③ 燃焼　④ 水面測定　⑤ 1

Q3 ① 水処理装置　② 定期自主

Q4 ① 1　② ボイラー　③ 燃焼　④ 自動制御

Q5 3

Q6 ① 漏れ　② 通風圧

Pick Up 解説

Q1 事業者は，ボイラーの取扱いおよび管理を安全に行い，災害発生の防止のため，ボイラー規模に応じた資格を有する者をボイラー取扱作業主任者に選任し，作業者の指揮を行わせなければならない．ボイラー取扱主任者にはボイラーの伝熱面積の合計から資格を有する者を選ぶ．

Q2 水面測定装置の機能の点検は，1 日に 1 回以上行うことと定められている．

Q4 ボイラーの定期自主検査の検査項目は，ボイラー本体については，損傷の有無の点検である．付属装置及び付属品の項目は，① 給水装置，② 蒸気管などの弁，③ 空気予熱器，④ 水処理装置で，損傷の有無および作動・保温状態などである．ただし，1 ヶ月を超える期間使用しないボイラーについては行わなくてもよい．

Q5 事業者は，ボイラー定期自主検査の結果を記録し，3 年間保存しなければならない．

Q6 煙道の定期自主検査の点検事項は，漏れ，その他の損傷の有無，および通風圧の異常の有無である．異常を認めたときは，補修，その他の必要な措置を講ずる．

各章のおさらい事項

前記の問題でつまずいたところを以下の
おさらい事項で，復習しよう!!

第1章のおさらい事項（問題 p.2～41まで）

1. 温度・圧力

① 温度は，(i)セルシウス（摂氏）温度 [℃]，(ii)ファーレンハイト（華氏）温度 [°F]，他に熱力学で用いられる(iii)絶対（ケルビン）温度 T [K] がある．各温度の相互の関係は，次のようである．

$$t\,[℃]=(5/9)\times(t_F\,[°F]-32)$$

$$T\,[K]=t\,[℃]+273.15$$

② 圧力 [Pa] とは単位面積 [m²] に働く力 [N] で，単位として [Pa]，[kPa]，[MPa] が用いられる．

$$1\ Pa=1\ N/m^2$$

$$1\ MPa=1\times10^3\ kPa=1\times10^6\ Pa$$

ブルドン管など現場の圧力計に表示される圧力は，大気圧力が 0 の値に目盛られ，ゲージ圧力と呼ぶ．絶対圧力は絶対真空を基準 (0) とする圧力をいう．

絶対圧力＝ゲージ圧力＋大気圧（≒ 0.1 MPa）

例えば，ゲージ圧力が 0.5 MPa であれば，絶対圧力は (0.5＋大気圧)≒ 0.6 MPa

一般に現場はゲージ圧力表示であるが，熱力学で用いられる圧力および水や蒸気の物性を表す蒸気表の圧力は絶対圧力で示されている．

2. 熱量・比熱

温度の異なる 2 個の物体を接触させると，高温物体から低温物体に熱が移動し，最後に等しい温度になる．このような熱の出入り量を熱量と呼び，単位にジュール [J] を用いる．比熱とは 1 kg の物質の温度を 1 ℃だけ温度上昇させるのに必要な熱量で，標準大気圧の下で水の比熱は，4.187 kJ/(kg・K) である．

3. 蒸気の性質

大気圧下で 0 ℃の水 1 kg を加熱，蒸発させていくと，図のように温度（縦軸）が変化していく．

0 ℃の水を 100 ℃の飽和水まで温度上昇させるために必要な熱量（418.7 kJ/kg，横軸）は，内部に蓄えられ，温度計に顕われ，顕熱（けんねつ）と呼ばれる．次に，飽和水から乾き飽和蒸気まで温度一定 100 ℃で必要な熱量 2257 kJ/kg を要し，状態変化に使われ，温度変化しないので潜熱（せんねつ）と呼ばれる．さらに加熱していくと過熱蒸気となり，温度上昇していく（顕熱）．

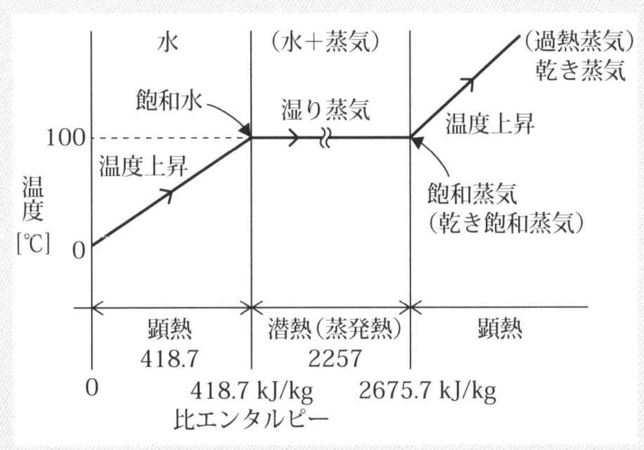

標準大気圧下の水の状態変化

4. 伝熱

熱の伝わり方には，次の 3 つの様式がある．

4.1　熱伝導

物体の中に温度勾配があると，高温から低温へ熱が移動する．伝熱量 $Q=\lambda A\Delta T/L$ で表される．ここで，A：伝熱面積，L：長さ，ΔT：温度差，比例定数 λ は物質の熱伝導率 [W/(m・K)] と呼ばれ，概略次表のような値をとる．一般に金属に比べ，液体や気体は小さい値をとる．

物質の熱伝導率（0 ℃）

物 質		熱伝導率 [W/(m・K)]
金属	純銀	410
	炭素鋼（1 %C）	43
非金属固体	ガラス（板）	0.78
液体	水	0.556
気体	空気	0.024

4.2　対流熱伝達

固体壁から流体に熱が伝わる．伝熱量 Q [W]＝$\alpha A \Delta T$，ここで，A：伝熱面積，ΔT：温度差で，比例定数 α [W/(m^2・K)] を熱伝達率と呼ぶ．流体の種類や伝熱の形態によって熱伝達率の概略値を次に示すが，形態によって熱伝達量には大きな差が生じる．

対流熱伝導率の概略値

伝熱形態	対流熱伝導率 [W/(m^2・K)]
自然対流（空気）	5 － 25
強調対流（空気）	10 － 500
強調対流（水）	100 － 15000
沸騰（水）	2500 － 25000
凝縮（水蒸気）	5000 － 100000

*ここで，W/(m^2・K)＝J/(s・m^2・K)

4.3　放射伝熱

たき火やストーブ，太陽の熱のように放熱面で放射エネルギー（電磁波）を放出して，受熱面に達して熱に変わるもので，熱対流と違い真空中でも伝わる．

伝熱量 $Q = \varepsilon \sigma A T^4$

ここで，ε：放射率（$0 < \varepsilon < 1$），σ：ステファン・ボルツマン定数（5.669×10^{-8} W/(m^2・K^4)），A：表面積．

工業上用いられる熱交換装置では，例えば，固体壁の両側に異なる温度の流体が流れ，固体壁を介して高温側流体から低温側流体に対流，伝導によって熱が伝わる．この高温流体から固体壁を介して低温流体への伝熱をまとめて，熱貫流（熱通過ともいう）と呼び，その良否を表すのに熱貫流率 K [W/(m^2・K)] が用いられる．Q [W]＝$KA\Delta T$ で表される．

5. ボイラーの容量と効率

5.1　ボイラーの容量

ボイラーの容量（能力）は，最大連続負荷で単位時間に発生する蒸発量 [kg/h または t/h] で示される．ボイラーの発生熱量の大きさが容易に判断できるように，ボイラーの正味吸収熱量に対して大気圧下で 100 ℃の飽和水を乾き飽和蒸気にするに必要な熱量（蒸発潜熱），2257 kJ/kg で除した値を換算蒸発量（基準蒸発量または相当蒸発量ともいわれる）として示される．

換算蒸発量 G_e＝(正味吸収熱量)/(大気圧下の 100 ℃の蒸発潜熱)＝$G(h_2-h_1)/2257$

ここで，G：実際蒸発量 [kg/h]，h_2，h_1：発生蒸気および給水の比エンタルピー [kJ/kg]，2257：大気圧下の 100 ℃の蒸発潜熱 [kJ/kg]

5.2　ボイラー効率

全供給熱量に対して，給水が蒸気になるまでに吸収した熱量の割合 [%] である．

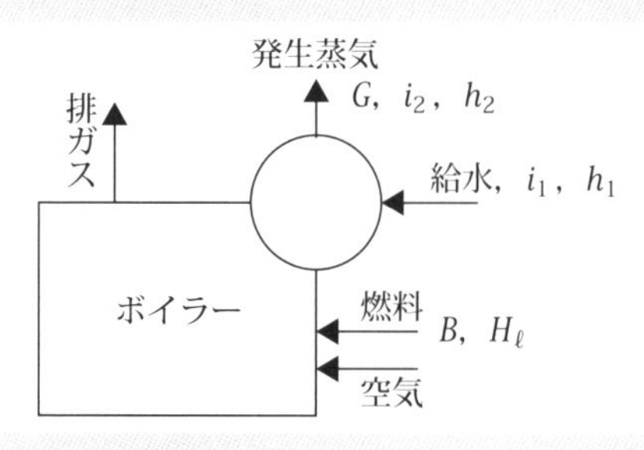

ボイラーのフロー

ボイラー効率[%]$=G\times(h_2-h_1)\times100/(B\times H_\ell)$

ここで，G：実際蒸発量[kg/h]，h_1，h_2：給水および発生蒸気の比エンタルピー[kJ/kg]，B：燃料消費量[kg/h，$m^3{}_N$/h]，H_ℓ：低発熱量[kJ/kg，kJ/$m^3{}_N$]

5.3　高発熱量と低発熱量

燃料の発熱量には，高発熱量と低発熱量がある．違いは水素や水分の燃焼によって，水蒸気が生成されるが，水蒸気のままの状態の発熱量を低発熱量，温度が低下して蒸気が凝縮し，凝縮熱（潜熱）を放出して水となったものは，その分熱量が増加し，高発熱量と呼ぶ（高発熱量>低発熱量）．

5.4　ボイラーの熱損失

主要な熱損失は，(i)煙突に逃げる排ガスの保有熱量（排ガス損失），(ii)燃料の一部が燃えかす中に混入したり，不完全燃焼によって燃焼ガス中にCOやH_2が生じる（未燃損失），(iii)放射や対流で周囲に放熱する損失（放射対流損失）などがあり，上記(i)の排ガス損失がほとんどを占める．排ガス熱損失を小さくするには，過剰空気をできるだけ少なくし，ボイラー伝熱面の汚れを除いて熱吸収を良くすることである．

6. ボイラーの分類

ボイラーを次の 4 つに分類する.

ボイラーの分類

分類	種類	特徴
丸ボイラー	① 立て(煙管)ボイラー ② 炉筒ボイラー ③ 煙管ボイラー ④ 炉筒煙管ボイラー	大径の円筒形胴の内部に炉筒, 火室, 煙管などを設けたもので, 主に圧力1 MPa程度以下で, 蒸発量10 t/h程度まで, 高圧用には不適
水管ボイラー	① 自然循環式水管ボイラー ② 強制循環式水管ボイラー ③ 貫流ボイラー	細い水管内で蒸発が行われ, 水管本数を増すと伝熱面積が増す. 低圧から高圧, 小容量から大容量に適用可能
鋳鉄製ボイラー	鋳鉄製組み合わせボイラー	鋳鉄製セクションを組み合わせる. 温水ボイラーでは0.5 MPaまで, 蒸気では0.1 MPaまでの低圧暖房用に使用
特殊ボイラー	① 廃熱ボイラー	加熱炉, 溶鉱炉など高温廃ガス熱源
	② 特殊燃料ボイラー	木材, 産業廃棄物, 廃タイヤを燃料
	③ 流動層燃焼ボイラー	低品位炭, 石油コークスなどを燃料
	④ 熱媒ボイラー	飽和温度が200～400 ℃の有機熱媒体を循環させて, 加熱

6.1 丸ボイラー

一般に丸ボイラーは, 多量の水を入れた丸形の大きい胴をもち, そのなかに炉筒や火室などの燃焼室や高温の燃焼ガスが通る多数の煙管が設けられている. 特長として, 保有水量が多いので, 起動から蒸気発生まで時間を要するが, 負荷変動による圧力, 水位変動は小さい. 一方, 保有水量が多いので, 破裂などの事故時に被害が大きくなる.

立て煙管ボイラーと炉筒煙管ボイラーを次頁図に示

す．図(a)は胴を直立させ，底部に火室を設け，床面積は少なく，伝熱面積を広く取れないので，小容量用に限られる．図(b)は炉筒煙管ボイラーで煙管ボイラーに比べて炉筒も伝熱面となるので，効率が良く，85 ～ 95 %におよび，パッケージ式のものが多い．加圧燃焼方式や戻り燃焼方式を採用して，燃焼効率を向上させる．

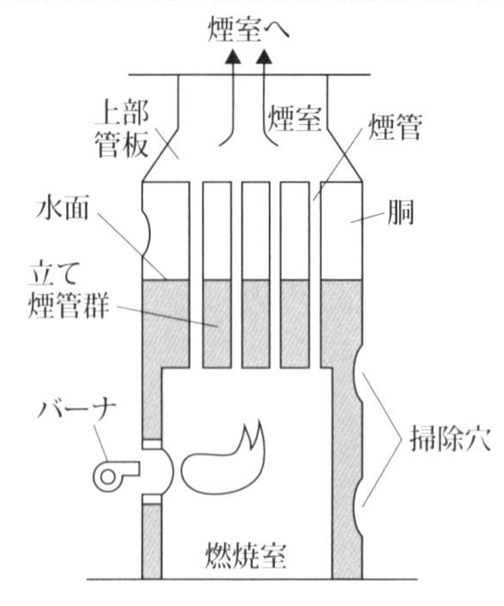

(a) 立て煙管ボイラー

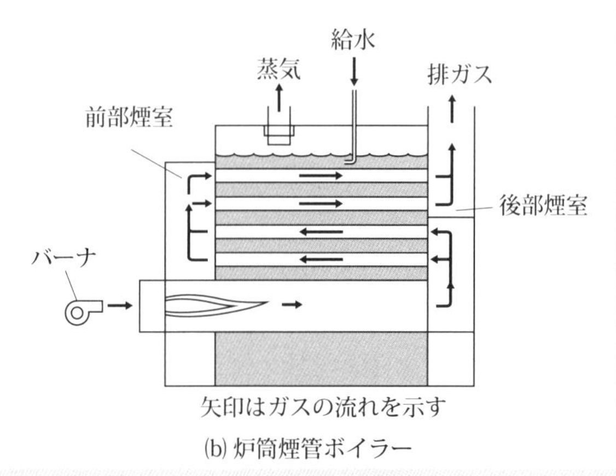

(b) 炉筒煙管ボイラー

丸ボイラー

6.2　水管ボイラー

水管ボイラーは，一般に蒸気ドラム，水ドラム，および多数の水管で構成され，水管内で蒸発が行われる．ボイラー水が水管内を流れる方式の違いで次図のように(i)自然循環ボイラー，(ii)強制循環ボイラー，(iii)貫流ボイラーに分類される．

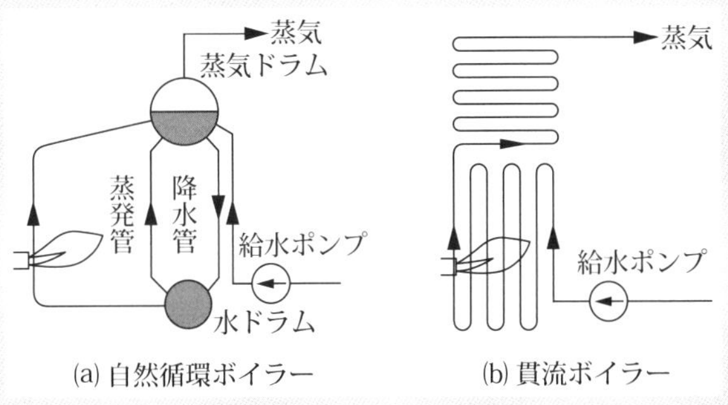

水管ボイラー

図(a)自然循環ボイラーは，外部からの燃焼ガスによって水管内の水が加熱され，蒸発し，非加熱の降水管（火炉内には設けない）内の水との密度差によって自然循環が生じ，蒸気ドラム→降水管→水ドラム→蒸発管→蒸気ドラムと水循環する．

強制循環ボイラーは，高圧になってくると蒸気と水の密度差が小さくなって自然循環力が不足してくるので，循環ポンプを用いて強制的に水循環させる．

図(b)貫流ボイラーでは，超臨界圧または亜臨界圧では，蒸気と水の密度差がなくなり，自然循環力が利用できないので，ドラムはなく，水管系だけから構成される．給水ポンプから送られたボイラーへの供給水はすべて管出口で蒸気になるので，水中に不純物が存在すると，管壁に残留し，管を閉塞させる危険があるので，給水管理を厳しくする必要がある．

6.3　鋳鉄製ボイラー

鋳鉄製ボイラーは，主に暖房用の低圧の蒸気発生用（0.1 MPa 以下）および温水ボイラー（0.5 MPa 以下かつ温水温度 120 ℃まで）として使用される．ボイラーは鋳鉄製のセクションを前後に並べ，ニップルをはめて結合，ボルトで締付け，組み合わせる．このセクション数の増減によって能力を変えることができ，一般にセクション数は 20 程度，伝熱面積は 50 m^2 程度まで構成できる．鋳鉄製ボイラーには，れんがを用いて燃焼室の上部にセクションを組み合わせたドライボトム形に対して，最近ではボイラー効率を上げるために，ボイラー底部に水を循環させるウエットボトム形が多くなっている．また，ボイラー効率を上げるために一般に加圧燃焼方式が用いられる．

暖房用の鋳鉄製ボイラーでは，復水を循環使用するために，返り管を設置し，返り管が空になっても，安全低水面までボイラー水が残るように低水位事故の防止のために，ハートフォード式連結法（次頁図参照）が用いられる．

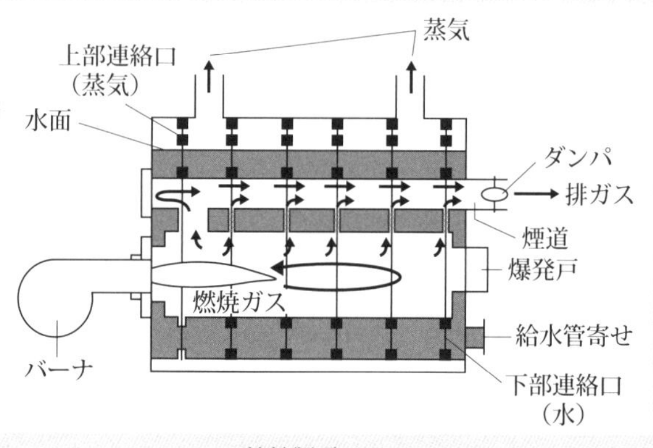

鋳鉄製ボイラー

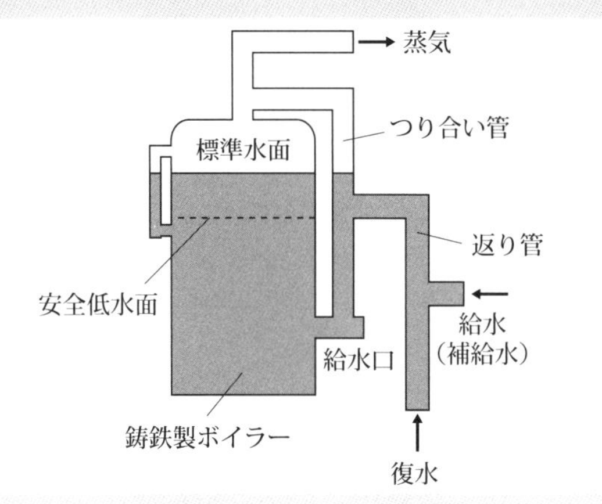

ハートフォード式連結法（鋳鉄製ボイラー）

水温 120 ℃以下の温水ボイラーの配管系統は，すべて水で満たされるので，水の膨張による過大圧力上昇を防ぐため，開放型膨張タンクの場合には逃がし管（次頁図参照）で，密閉型膨張タンクの場合には逃がし弁をボイラー本体に取り付ける．

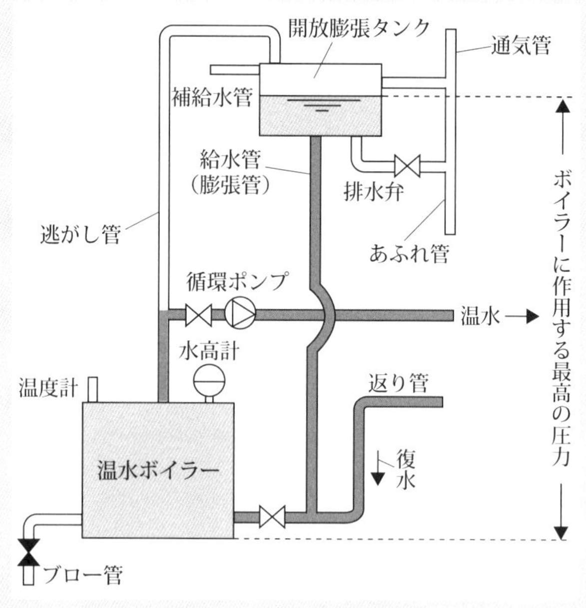

鋳鉄製温水ボイラー(開放型膨張タンク)

7. 胴およびドラムに働く力，鏡板，マンホール

胴(丸ボイラー)およびドラム(水管ボイラー)は，細長い円筒状に巻いた鋼板の両端に鏡板(かがみいた)を取り付けたもので，継ぎ手には長手方向と周継ぎ手の2つがある．胴およびドラムの鋼板には内部の蒸気圧力(p)によって，長手(軸)方向と周方向に2つの引張応力σ_z，σ_θが発生する．

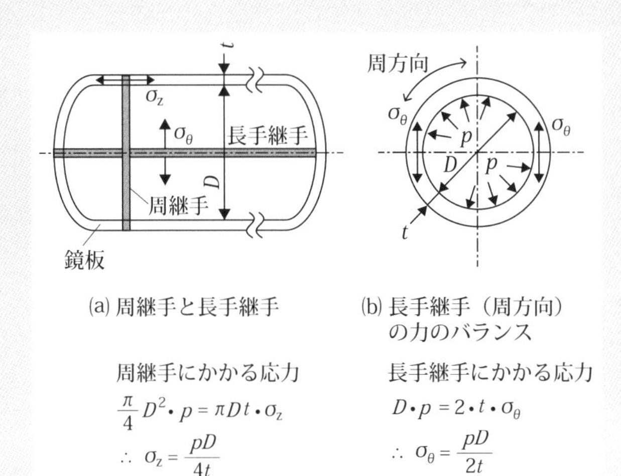

周方向と軸方向の応力

ここで，p：胴内部の蒸気圧力，D：胴内径，t：胴板の厚さ，である．すなわち，周方向の引張応力σ_θは長手（軸）方向の引張応力σ_zの2倍となる．ガス配管の爆発などでは必ず軸（長手）方向に穴が開く．だ円形のマンホールを設ける場合には次図のように軸（長手）方向を短径とし，管台や折込フランジ（つば）を付けて補強する．

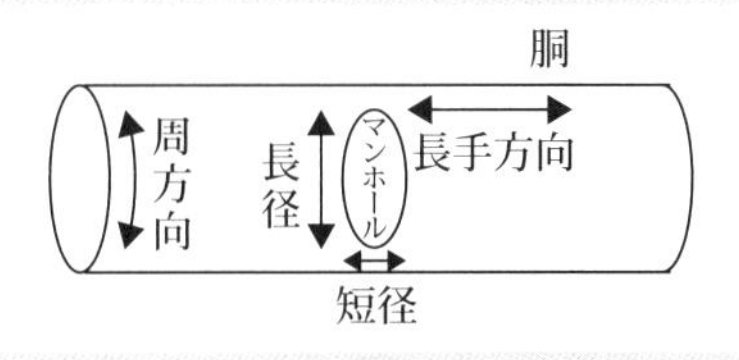

マンホールの配置

胴またはドラムの両端を覆っている部分を鏡板といい，4種類の形状がある．一般に皿方が多いが，同一材料，同一寸法の場合，強度の大きさの順序は，全半球形＞半だ円体形＞皿形＞平形となる．

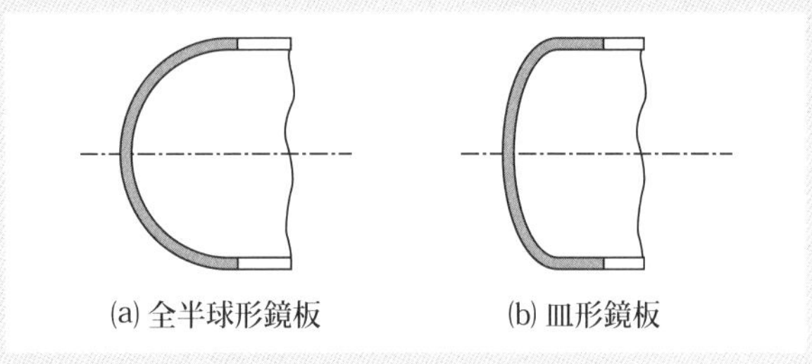

全半球形鏡板と皿形鏡板

皿形鏡板は，鏡板の頂部の球面をなす球面殻部（かくぶ），すみの丸みをなす環状殻部および胴またはドラムの直線部につながる円筒殻部からなる．

8. 炉筒，継手および火室，ステー，伝熱管

(i) 丸ボイラーの燃焼室として，ボイラーの胴の内部に水平に設けられた炉筒には平形炉筒と波形炉筒がある．平形炉筒は小容量の炉筒煙管ボイラーに用いられ，平らな板を曲げて円筒状にし，伸びを吸収させるため伸縮継手（アダムソン継手）で補強している．波形炉筒はピッチ，深さなど異なる波形板を使用し，メーカの名前を冠してモリソン形，フォックス形，ブラウン形などがある．

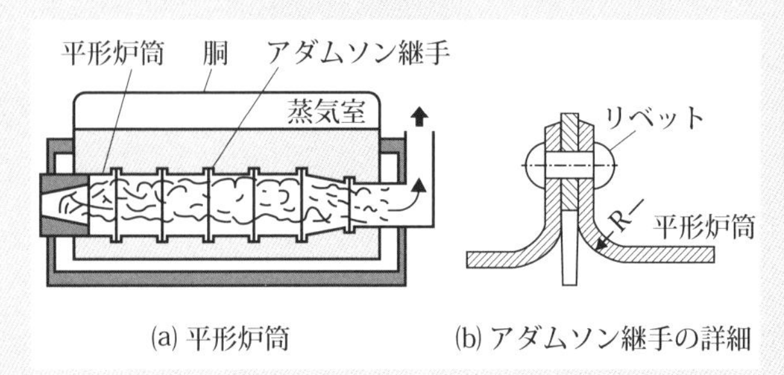

平形炉筒とアダムソン継手

(ii) 平形鏡板などの平板部は，強度が小さく変形しやすいので，ガセット（平板）ステーや管（くだ）ステーによって補強される．ガセットステーは，鏡板を胴板で支えるためにガセット（平板）によって溶接したものである．ガセットステーを鏡板に取り付ける場合には，炉筒の伸縮を自由にするために次図に示すようにブリージングスペース（炉筒とガセットステーの溶接部との空間距離のこと，「息つき間」ともいう）を設ける．

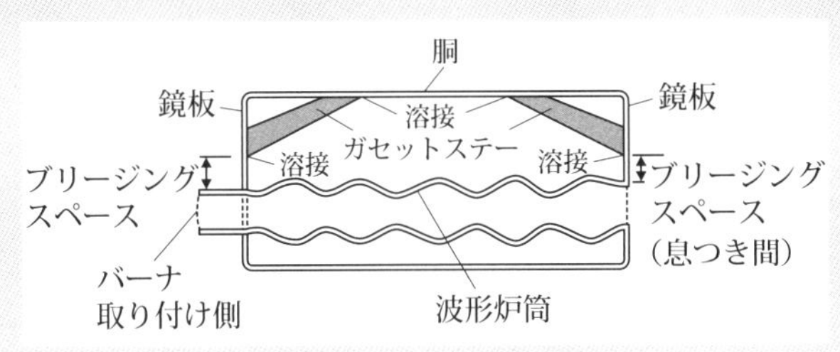

炉筒と鏡板の取り付け例

(iii) 管ステーは，煙管によって管板を支えるもので，煙管を管板に差し込んで軽くころ広げ（管用エキスパンダー）をした後，溶接で取り付けるか，鋼管の両端にネジを切り，管板のネジ穴にねじ込んで取り付け，ころ広げを行う．火炎に触れる部分は，焼損を防ぐために端の部分を折り曲げる縁曲げをする．

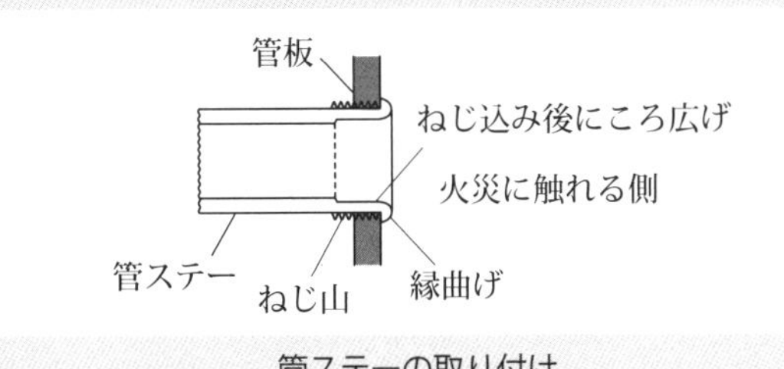

管ステーの取り付け

9. 圧力計・水面測定装置

9.1　圧力計と取り付け

ボイラー内部の圧力を知るのに，ブルドン管式圧力計が用いられる．圧力計を直接取り付けると，蒸気がブルドン管に入って熱せられ，誤差を生じるので，通常水を入れたサイホン管を圧力計の前に取り付け，ブルドン管に 80 ℃以上の高温蒸気が直接入らないようにする．圧力計のすぐ下にコックを取り付けるが，ハンドルが管軸と同一になったときに開くようにしておく（次図参照）．

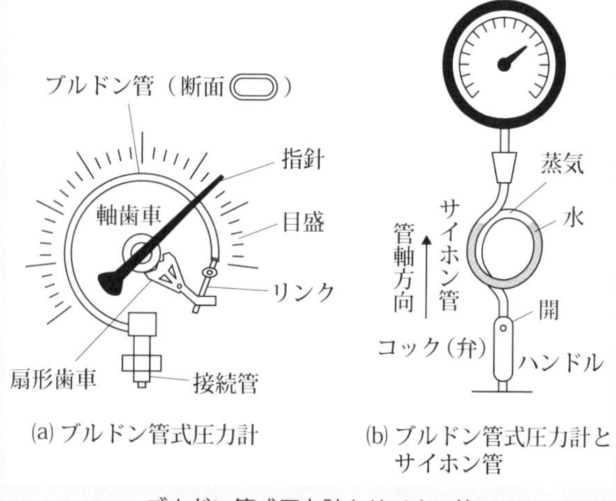

(a) ブルドン管式圧力計　(b) ブルドン管式圧力計とサイホン管

ブルドン管式圧力計とサイホン管

9.2　水面測定装置

ボイラー水は多すぎたり少なすぎたりすると，蒸気中に水が入ったり，空だきの危険が生じるので，ボイラー水位を正しく監視する必要がある．貫流ボイラーを除く蒸気ボイラーには原則 2 個以上の水面計を見やすい位置に取り付けなければならない．一般にガラス水面計が用いられ，次のような種類がある．

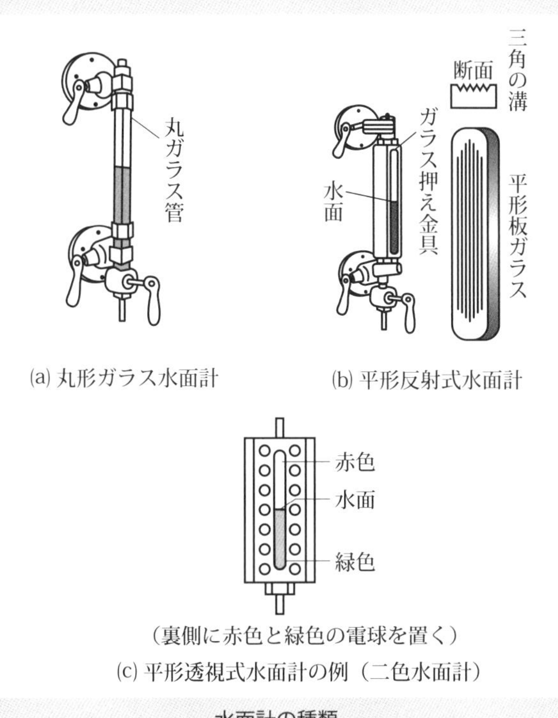

(a) 丸形ガラス水面計
(b) 平形反射式水面計
(c) 平形透視式水面計の例（二色水面計）

水面計の種類

図(a)丸形ガラス水面計は，主に最高使用圧力 1 MPa 以下のボイラーで使用される．図(b)平形反射式水面計は，1 枚の厚い板ガラスの裏面に三角の溝を付け，水部は光線が通って黒色に，蒸気部は反射されて白色に光って見える．図(c)平形透視式水面計は光線を通過させて水面を鮮明に示す．二色水面計は裏から電灯で照らす透視式水面計で，光線の屈折率の違いを利用して，蒸気部は赤色に，水部は緑色に見える．

次図に示す験水コックはボイラーの胴および水柱管の最高水位，常用水位および安全低水面の原則 3 ヶ所以上にコックを取り付け，コックを開いて水が出れば水位があるとわかるようにしたものである．

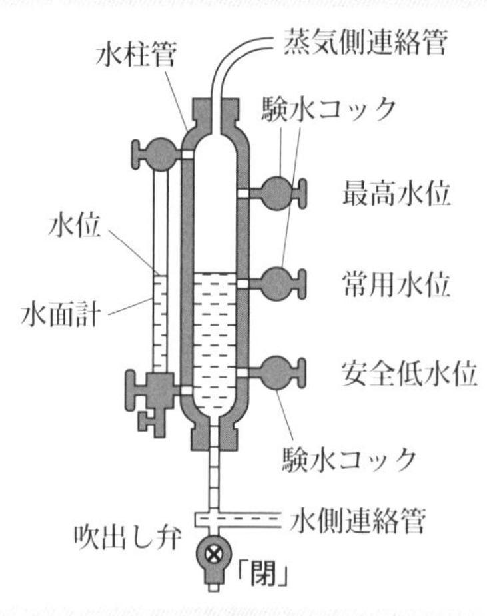

水面計，水柱管と験水コック

10. 流量計・通風計

10.1　流量計

ボイラー給水や燃料の量を知るための流量計には，(i)差圧式，(ii)容積式，(iii)面積式がある．(i)差圧式流量計は，流路にベンチュリー管やオリフィスなどの絞りを挿入，絞りの入口と出口間の圧力差（差圧，p_1-p_2）が流量 Q [m^3/s] の二乗に比例することを利用して測る．(ii)容積式流量計は，だ円形のケーシングの中に 2 個のだ円形歯車（回転子）を組み合わせて配置し，流体の流れで回転する仕組みで，流量が歯車の回転数に比例するので，回転数を測定する．(iii)面積式流量計は垂直なテーパ管内を流体が下から上に流れ，管内のフロート（浮子）が上下し，移動量によって流量を知る．

10.2　通風計

U 字管式通風計は，燃焼用空気や燃焼ガスを通す通風力（ドラフト）を測定する．空気やガスの圧力を大気の圧力と比較して U 字管の両側の封入水の差（Δh）から例えば図中の炉内圧を知る．U 字管式，傾斜式，環状天びん式通風計の種類がある．

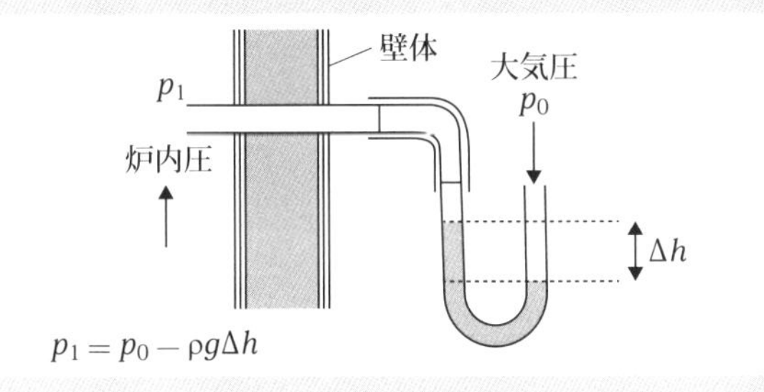

U 字管式通風計

11. 安全弁・逃がし弁・逃がし管

安全弁は，入口側（一次側）の蒸気圧力が上昇して，設定圧力（最高使用圧力）になったとき，瞬時に弁が開き蒸気を逃がす．安全弁には，おもり式，てこ式，ばね式などがあるが，現在はばね式が主流で，揚程式と全量式（次図参照）がある．

ばね安全弁は，弁棒がばねの力で押し下げられ，弁体が弁座に密着する方式で，弁座から弁が上がる距離を揚程（リフト）という．揚程式と全量式とは，臨界流量となる吹出し面積部の違いで，弁が余り開かない揚程式は弁座口の蒸気通路の面積が最小となり，弁が大きく開く全量式は弁座下部（上流）ののど部の面積が最小となって決められる．すなわち，(i)安全弁の吹き出し圧力は，ばねの調整ボルトによって，ばねが弁座を押し付ける力を変えることによって調整する．(ii)全量式安全弁は，のど部の面積が最小となり，揚程式安全弁は，弁座流路面積が最小となる．(iii)安全弁の取付管台の内径は，安全弁入口径と同径以上とする．

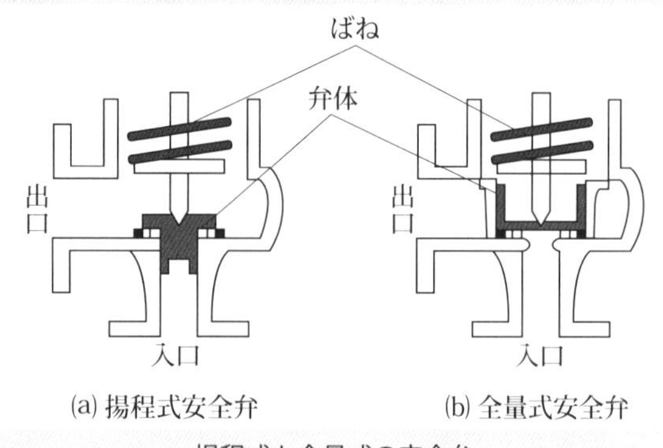

揚程式と全量式の安全弁

なお，蒸気の安全弁に相当する逃がし弁（レリーフ弁）や逃がし管については，「1章6.3　鋳鉄製ボイラー」の項目を参照下さい．

12. 送気系統装置ー主蒸気弁，蒸気逆止め弁，蒸気トラップ，減圧弁

12.1　主蒸気管

配管中ドレンが溜まる部分がないように適当な傾斜を付けたり，要所に蒸気（スチーム）トラップを設置する．

12.2　主蒸気弁

主蒸気弁は，送気の開始や停止をするためにボイラーの蒸気取出し口または過熱器出口に取り付けられる．下表に示す弁がある．構造上の特徴は次のとおりである．

弁の種類

種　類	構造の特徴
玉形弁 （グローブバルブ）	蒸気の入口と出口が一直線状にある．蒸気の流れが弁内でS字状になるため，抵抗が大きい．
アングル弁	蒸気の入口と出口が直角に曲がっている．
仕切弁 （ゲートバルブ）	流れが一直線状なので，抵抗が小さい．径の大きい給水，給湯用弁として広く用いられる．

2基以上のボイラーが蒸気出口で同一管系に連絡している場合には，逆流防止のために各ボイラー毎に主蒸気弁の後に逆止め弁を設けなければならない．

12.3　伸縮継手

長い配管には，温度変化による伸縮を自由にするために適当な箇所に伸縮継手（エキスパンションジョイント）を設ける．伸縮継手の種類には，U字形，ベント（湾曲形），ベローズ（蛇腹形），すべり形がある．

12.4　沸水防止管

低圧ボイラーの胴またはドラム内には，蒸気中に水が同伴しないように蒸気と水を分離する簡単な構造の沸水防止管（アンチプライミングパイプ，図参照）を設ける．上面の多数の穴から蒸気を取り入れ，水滴（ドレン）は下部にあけた穴から落下する．高圧ボイラーでは，より複雑な遠心式の気水分離器や波形を重ねたスクラバ式気水分離器が使用される．

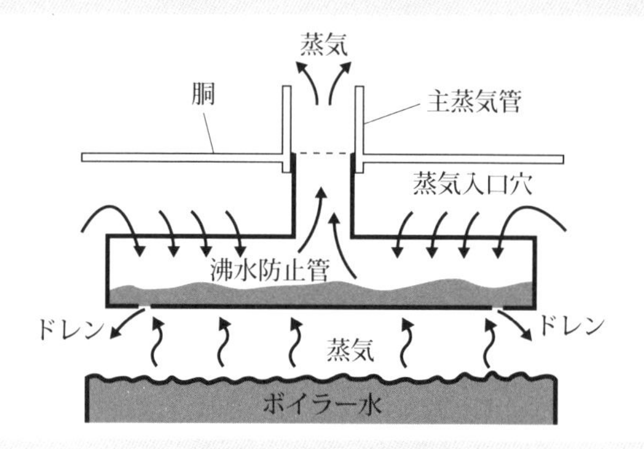

沸水防止管（気水分離器）

12.5　蒸気トラップ（スチームトラップ）

蒸気使用中，配管などに溜まった復水（ドレン）があると，ウォータハンマなどが発生し，設備や管損傷の恐れがあり，復水を自動的に排出する装置である．蒸気とドレンの密度差を利用した下向きバケット式トラップ，フリーフロート式トラップおよびディスク式トラップなどがある．

13. 給水系統装置—給水ポンプ，インゼクタ，給水内管

ボイラー給水ポンプは，水に圧力を与えてボイラーに給水する装置である．

案内羽根を有しない渦巻きポンプと案内羽根を有するディフューザポンプ（商品名：タービンポンプ）の遠心ポンプが主に用いられる（次図参照）．ディフューザポンプは，羽根車外周の案内羽根によって水の速度エネルギーを圧力エネルギーに変え，高圧ボイラーに使用される．渦巻きポンプは案内羽根がないので高圧を

得にくく，比較的定圧ボイラーに使用される．特殊ポンプの渦流（かりゅう）ポンプは円周流ポンプともいわれ，小容量の蒸気ボイラーの給水ポンプとして高い揚程が得られる．インゼクタは，外部蒸気をノズルを通して高速流れとして，低圧の給水を吸い込み，混合水はディフューザを通る間に圧力回復し，逆止め弁を押開いてボイラーへ給水する．給水圧力に限界があり，流量調整が困難であることから低圧ボイラーの予備機として用いられる．

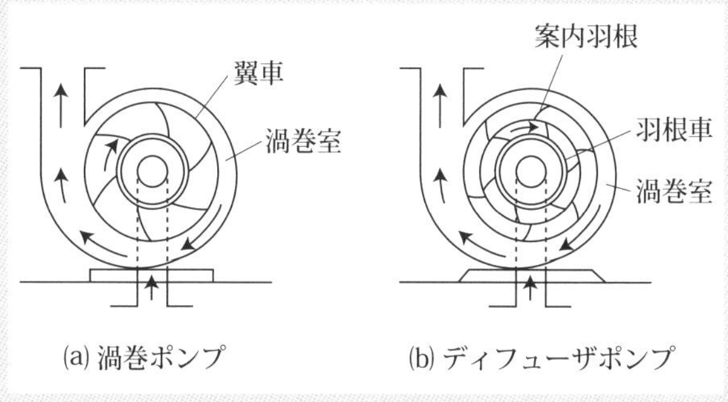

遠心ポンプの種類

給水弁には，流れや抵抗の大きいアングル弁または玉形弁が使用される．給水逆止め弁は，ボイラーの圧力より水ポンプ側の圧力が低いときに，給水ポンプ側に逆流するのを自動的の防止するものである．

14. 附属設備ー過熱管，エコノマイザ，空気予熱器，スートブロワ

14.1　附属設備の配置

ボイラーの附属設備の配置は，燃焼室を出たガスの流れ方向にドラムに近い方から過熱器，エコノマイザ

（節炭器），空気予熱器の順序になり，煙突に放出される（次図参照）．

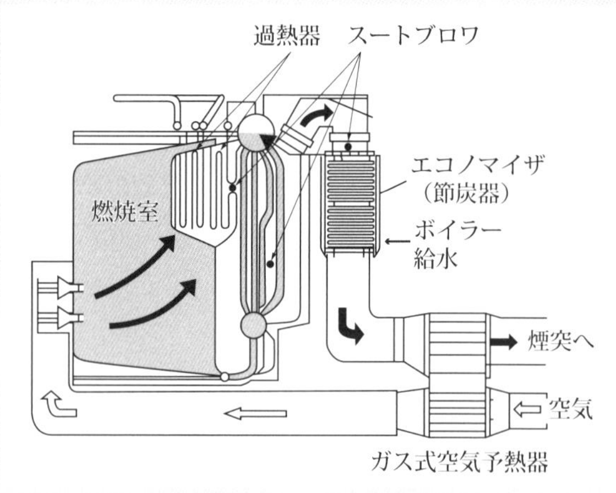

ボイラーの附属設備

⑴ 過熱器（スーパーヒーター）

蒸気ドラムで発生した飽和蒸気をさらに過熱して水分のない過熱蒸気をつくる．

⑵ エコノマイザ（節炭器）

燃焼室を出たボイラー排ガスの熱量を回収して給水を予熱する装置である．燃料の節約になり，ボイラーの熱効率が向上する．通風抵抗は増加する．伝熱を良くするために外面にひれ（ひれ付き管）を付ける場合がある．

⑶ 空気予熱器

燃焼用空気を予熱する装置である．排ガスの余熱を回収するガス式空気予熱器と外部蒸気を熱源とする蒸気式空気予熱器がある．排ガス熱量を回収するガス式空気予熱器では，燃料中に硫黄（S）が含まれていると，温度が低く（例えば 120 ～ 140 ℃以下）

なると，硫酸蒸気が露点（凝縮が始まる温度）以下で凝縮し，エレメントに低温腐食を起こすことがある．

14.2　スートブロワ（すす吹き装置）

スートブロワは，伝熱面外側にダストやすすが付着し，伝熱を阻害するので，蒸気または空気を噴射して付着物を除去する装置である．回転式と抜き差し式があり，回転式は燃焼ガス中とどまって回転する方式で比較的ガス温度の低い部分に使用され，抜き差し式は先端に通常2個の噴射ノズルを持ち，前，後進しながら回転し，噴射しないときはボイラー外へ抜き出しておく．高温のガスが通過する部分に用いられる．

15. ボイラーの自動制御の基礎

ボイラーに供給されるのは，水，燃料，空気の3つで，排出されるのは蒸気と排ガスである．

制御量と操作量：運転中のプラントで一定範囲の値に保ちたい量を制御量，そのために操作する量を操作量と呼ぶ．例えば，ボイラーの蒸気圧力，温度，ドラム水位，炉内圧などは制御量で，燃料，給水，空気などは操作量となる．制御量と操作量の組み合わせを次表に示す．

制御量と操作量の組み合わせ

制御量	操作量
ドラム水位	給水量
蒸気圧力	燃料量および空気量
蒸気温度	過熱低減器の注水量または伝熱量
温水温度	燃料量及び空気量
炉内圧力	排出ガス量
空燃比	燃料量および空気量

16. フィードバック制御

ボイラーでは，蒸気圧力，温度や水位などの制御量を測定して目標値と比較して，一致するように，燃料や給水量などの操作量を調節する．これをフィードバック制御という．

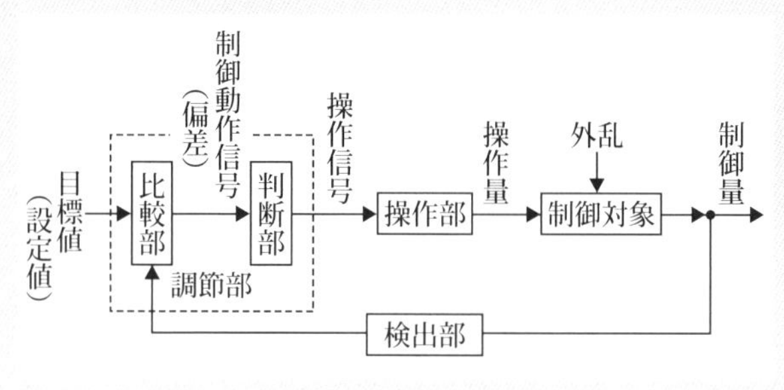

フィードバック制御

フィードバック制御の動作は次の5つになる．(i)オンオフ動作，(ii)ハイ・ロー・オフ動作，(iii)比例動作（P動作），(iv)積分動作（I動作），(v)微分動作（D動作）である．

(i) オンオフ（2位置）動作：比較的小容量のボイラーの圧力，温度，水位などの制御に用いられる．例えば，蒸気圧力制御の場合，まず燃焼をオンにして圧力を上げ，上限に達したら，燃焼をオフにする．この操作では制御量（蒸気圧力）にオン・オフの間で差が生じ，この差を「動作すき間」という．動作すき間が少ないと，オンオフ動作が頻繁になり，制御装置の負担が大きくなる．

(ii) ハイ・ロー・オフ（3位置）動作：操作量がハイ（高燃焼），ロー（低燃焼）およびオフ（0％）のいずれかの状態をとる．制御量（蒸気圧力）が高い場合は，操作量（燃焼量）0％のオフと30～50％のローの状態そして制御量が低い場合は 100 %のハイと 30 ～ 50 %のローの状態で切り替わる.

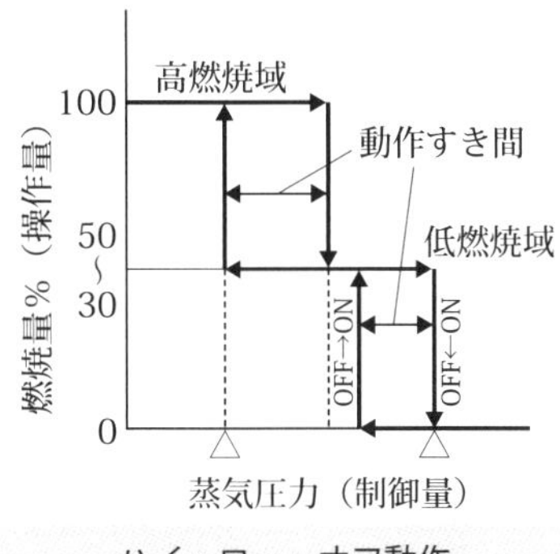

ハイ・ロー・オフ動作

(iii) 比例（P）動作：偏差に比例して操作量を増減する制御をいう．オンオフ動作の欠点である「動作すき間」を是正する方法として一般に用いられるが，最終整定置は完全に元に戻らず，オフセット（定常制御偏差）を生じる.

(iv) 積分（I）動作：偏差量に比例した速度（偏差の積分量）で操作量を変える動作である．オフセットをなくすように働き，比例動作と組み合わせて PI 動作として使用される.

(v) 微分（D）動作：偏差が変化する速度（偏差の微分値）に比例して操作量を変えるので，比例動作や積分動作では偏差が小さい間はあまり働かないのと異なって敏速な応答が可能となる.

17. シーケンス制御

全自動洗濯機，エアコン，自動販売機などの装置や設備などで使われるシーケンス制御とは，あらかじめ定められた順序に従って制御の各段階を順次進めていく制御である．この制御は訂正動作の機能をもたないので，前段階の制御結果が定められた条件を満たさないときには，操作開始や継続ができないようにする安全装置（インターロック）が組み込まれている．

18. 各部の制御—蒸気圧力制御，水位制御，燃焼安全装置

18.1　蒸気圧力制御

ボイラーの蒸気圧力制御方式には，(i)オンオフ式蒸気圧力調節器と(ii)比例式蒸気圧力調節器によるものがある．

(i) オンオフ式蒸気圧力調節器（電気式）：小容量ボイラーに多く使用され，蒸気圧力を調節器に入れ，マイクロスイッチによってバーナの運転，停止のオンオフ信号を燃料遮断弁に送る．

(ii) 比例式蒸気圧力調節器：比例式は実際の蒸気圧力と設定値との偏差を検知して燃料供給量と空気量を変化させる．

18.2　蒸気圧力制限器

蒸気圧力の異常上昇を防ぐために，圧力調節範囲の上限を超えたとき，直ちに燃料遮断弁を閉じてバーナへの燃料供給を止め，ボイラーを停止する．

18.3　水位制御

ドラム水位の制御方式には，単要素式，2要素式，3要素式がある．

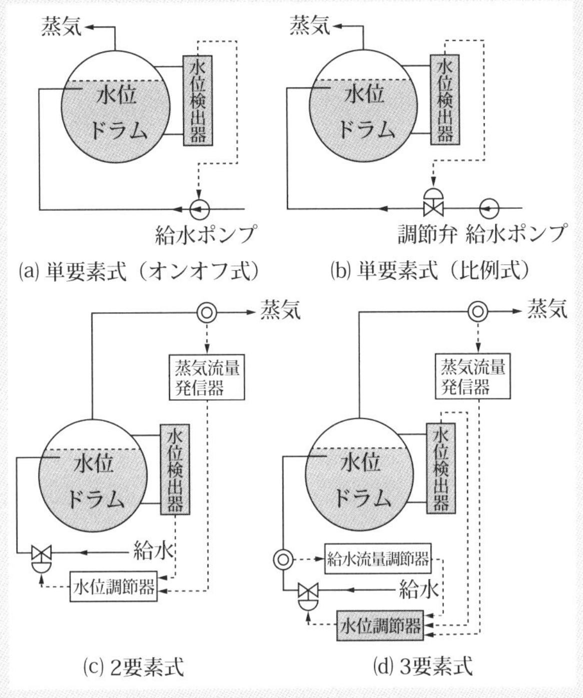

水位制御方式

単要素式はドラム水位を検出し，その変化に応じて給水量を調節する．2要素式はドラム水位のほかに蒸気流量を検出し，両者の信号を総合して給水量を調節する．3要素式は水位，蒸気流量のほかに給水流量の検出を加えて，給水量を調節するものである．

18.4　燃焼安全装置

燃焼に起因するボイラーの事故防止のために自動制御装置の一部として組みこんでいる．火炎検出器からの火炎状況や各種制限器からの情報を取り入れて，燃料遮断弁を閉止して，ボイラーの運転を停止する．障害復旧後は手動で再起動する．

第2章のおさらい事項(問題 p.44～81まで)

1. 使用開始前の準備と点検

ボイラーの使用開始前の準備と点検内容を次に示す.

使用開始前の点検内容

No	項目	内容
1	ボイラーの内部点検と使用準備	① 内部点検(残留物など)
		② 開放部の密閉(掃除穴など)
		③ 水の張り込み
		④ 水圧試験(設置後は最高使用圧力の1～1.1倍, 30分)*
		⑤ 常用水位の保持
2	炉, 煙道内の点検	① 炉, 煙道内及び装置の点検
3	附属品の整備状況	① 圧力計・水高計
		② 水面測定装置
		③ 安全弁, 逃がし弁, 逃がし管
		④ 吹き出し装置
		⑤ 給水止め弁, 逆止め弁
		⑥ 主蒸気弁, 空気抜き弁など
4	附属装置の準備	① 給水装置
		② 水処理装置
		③ 燃焼装置
		④ 通風装置(ダンパ, 通風機)
5	自動制御装置の整備状況	① 電気回路, 制御盤
		② 調節弁操作
		③ 水位検出器
		④ 火炎検出器・点火装置など

* 製造時の水圧試験の試験圧力と保持時間:最高使用圧力の 1.5 倍, 30 分

2. 点火前の点検と準備

点火前の点検で注意すべきことは, (i)低水位事故によって起こる「空だき」事故と(ii)炉内爆発事故の防止である.

① 点火前に各弁の開閉状況を確認する（次図参照）.

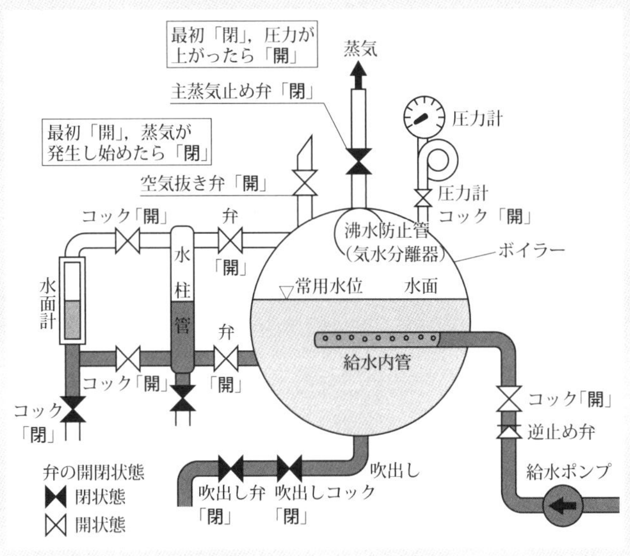

点火前の弁・コックの開閉状態

② 炉内爆発防止には十分な換気（プレパージ）を行う．すなわち，ボイラー燃焼室（火炉）内に燃料が残っていると，気化した未燃ガスが滞留し，点火の瞬間に炉内爆発し，ボイラー破損や人身事故につながる．

3. 点火

点火前の準備が終わると，点火操作に入る．まず，(i)ボイラー水位は正常か，(ii)炉内の通風，換気は十分か，(iii)空気と燃料の送入準備は良いか，を確認する．

3.1　手動操作による点火

(1) 油だきボイラーの点火

(i)ダンパを全開にしてプレパージを行う，(ii)燃料油がB重油またはC重油の場合，噴霧状態を良くするためにB重油：50～60 ℃，C重油：80～105 ℃に加熱，(iii)ダンパの開度を調整して，炉内の通風力を調節，(iv)点火用火種をバーナの先端のやや前方下部に差し入れる，(v)噴霧用蒸気または空気をバーナから噴射，(vi)燃料弁を徐々に開く．

(2) ガスだきボイラーの点火

ガスだきボイラーでは，ガス爆発の危険を防ぐために，(i)ガス漏れ点検を行う．継ぎ手部分に石鹸水を塗布し，泡立ちの有無を確認，(ii)適正なガス圧の確認，(iii)点火用には火力の大きな火種を使用，(iv)着火後，燃焼が不安定なときは，燃料供給を止める．

3.2　自動制御による点火

ボイラー制御盤の起動スイッチを入れると，シーケンス制御が始まり，自動的に「プレパージ（点火前換気）」,「点火」,「主バーナ点火」が行われる．起動時における自動点火方式では，燃料弁を開いて2～5秒間（点火制限時間）に着火できなかった場合には操作が打ち切られる．

4. ボイラー運転中の取扱い

4.1　たき始めの注意

保有水量が大きい低圧ボイラーを冷水からたき始めるときは，最低1～2時間かける．特に，鋳鉄製ボイラーの場合急熱・急冷すると，不同膨張・収縮が生じ割れにつながる．

4.2　圧力上昇中の取扱い

① 最初，ボイラー水から気泡が発生しボイラー水中を上昇していくので水面は上下に揺れ，水面計の水位

も揺動している．２個の水面計の水位が同じであることを確認する．

② 整備後，初めて使用するボイラーでは，温度上昇によるボルトの伸びなどによる漏れを防ぐためにマンホール，掃除穴などのふたの取り付け部は，昇圧中，昇圧後増し締めする．

③ 安全弁の吹出し試験を行う．圧力が安全弁の調整圧力の 75 %に達してからテストレバーを上げて蒸気の吹出しを確認をする．吹出し圧力の調整は，まず設定圧力以下で吹出しを行い，徐々にばねを締め，圧力を上げていく．

④ 送気始めの蒸気弁の開け方：ウォータハンマ（水撃作用）やキャリオーバ（気水共発）が生じないように，送気始めには次の操作をする．

(i) 主蒸気管，管寄せなどのドレン抜き弁を全開にし，ドレンを完全に排出する．

(ii) 主蒸気弁を微開あるいはバイパス弁を開けて，主蒸気管に少量の蒸気を流して管を暖める（暖管操作）．

(iii) 主蒸気管が十分に暖まってから主蒸気弁を徐々に開き，全開から少しハンドルを戻しておく．

5. ボイラー運転中の水位と燃焼

ボイラーの運転中の取扱いで注意することを以下に記す．

(i)圧力（温水ボイラーは温度），水位および燃焼状態の監視，(ii)急激な負荷変動（蒸発量の急変）をしない，(iii)ボイラーの最高使用圧力を超えない．

5.1　水位の維持

ボイラーの使用中，維持しなければならない最低の水面を安全低水面という．これより水位が下がると炉筒および煙管が過熱され，ボイラーが圧壊，損傷する恐れがあるので，ボイラーの各形式の安全低水面の位置は，次図に示すように定められている．ただし，水管ボイラーでは，その構造に応じて定められている．

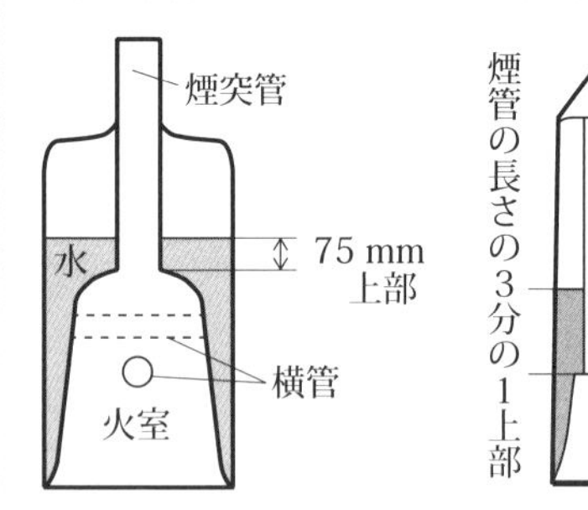

(a) 立て横管ボイラーおよび内だき横煙管ボイラー

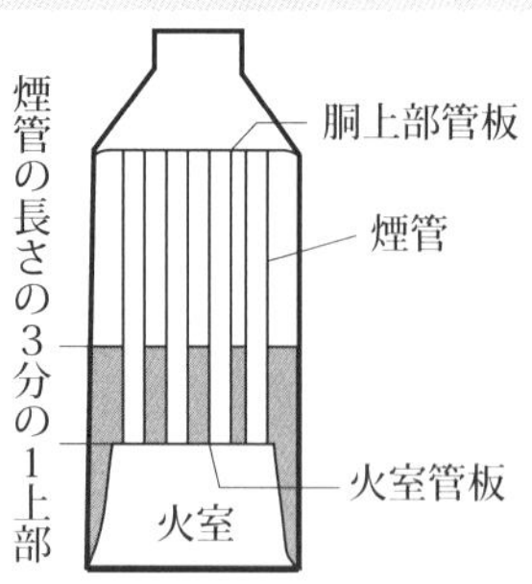

(b) 立て煙管ボイラー

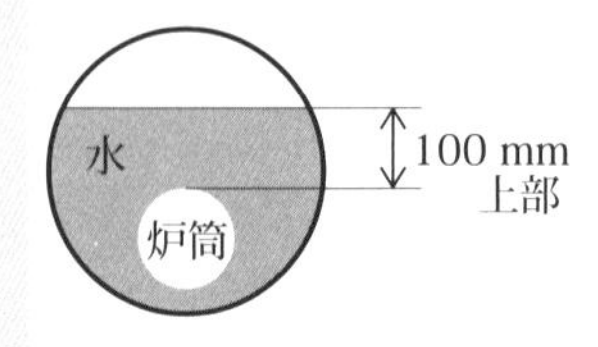

(c) 炉筒ボイラーおよび煙管より炉筒が高い炉筒煙管ボイラー

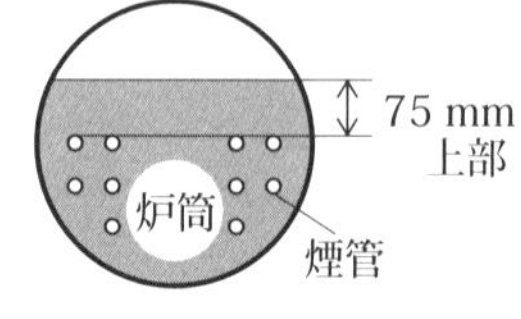

(d) 炉筒より煙管が高い炉筒煙管ボイラーおよび外だき横煙管ボイラー

ボイラーの安全低水面の位置

5.2　圧力・燃焼の監視

ボイラー圧力を一定に保持するのに，負荷（蒸気量）の変動に応じて燃焼量と空気量を調節・監視する．空気量の過不足は，燃焼排ガスの CO_2，CO または O_2 の計測によって判断できるが，炎の形や色によって概略を知ることができる．

(1) 燃焼の調節

(i)燃焼量の増減はできるだけ徐々に行う，(ii)燃焼量を増すときは，空気量を先に増やす．逆のとき（負荷が減って燃焼量を減らすとき）は，まず燃料量を減らし，次に空気量を減らす，(iii)複数のバーナを有するボイラーで燃焼量を減らすときは，全部を減少させるのでなく，バーナの本数を減らす．

(2) 火炎の状態

① 油だきの場合：空気量が適正で燃焼状態の良い火炎は，オレンジ（薄い橙）色で穏やかな浮遊状態にある．空気量が不足のときは，煙を発生し，炎の色は，暗赤色を呈する．

空気量と炎の色と状態

空気量	炎	炉 内
多い	短炎・輝白色	明るい
適量	オレンジ色	見通し良い
少ない	暗赤色	煙発生，見通し悪い

② ガスだきの場合：都市ガス（主にメタン系）の場合が主で，空気との混合状態によって変わる．通常の燃焼量では，大半が青白い炎で，先端がわずかな淡いオレンジ色を呈する．燃焼量を絞った場合，青白い炎に淡いオレンジ色が多く混じったような炎となる．

6. ボイラー水の吹出し（ブロー）とスートブロー

6.1 吹出し（ブロー）

蒸気ドラムの内部に設置された吹出し管から連続吹出し（連続ブロー）とドラム底部からの間欠吹出し（間欠ブロー）がある．

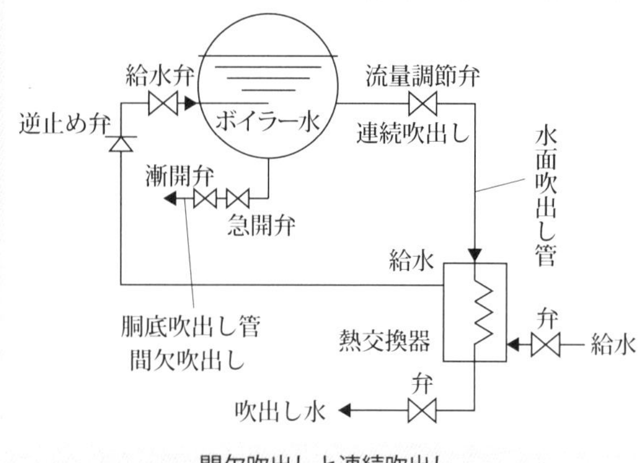

間欠吹出しと連続吹出し

(1) 間欠吹出し（ブロー）は，ボイラー水の濃縮を防ぎ，ボイラーの底部に溜まったスラッジ，スケールを間欠的にボイラー底部から排出する．日常運転のボイラーで，ボイラーに圧力が残っているときは，運転前に，運転前に圧力がないときは運転を停止してから行う．吹出し弁が直列に2個設けられている場合，ボイラー本体に近い急開弁を先に開き，次に漸開弁を徐々に開いていく．終了時は逆に漸開弁を閉じてから急開弁を閉じる．運転前か停止後に吹出し弁の機能点検上1日1回，少量実施することが望まれる．

(2) 連続吹出し（ブロー）は，蒸気ドラムの内部に設置された吹出し管から連続的にボイラー水を排出している．

なお，鋳鉄製ボイラーは，通常復水を循環使用しているので，スラッジの生成は少なく，給水を多量に増やすことになるので，運転中に吹出しを行ってはならない．

6.2　スートブロー（すす吹き）

水管ボイラーの伝熱面に付着したすす（スート）や付着灰を吹き飛ばすために蒸気または圧縮空気をスートブロワから吹出し，伝熱面を清掃する．伝熱性能の改善と通風損失の減少が図れ，水管ボイラーの伝熱管，過熱器，エコノマイザ，空気予熱器に使用される．煙管ボイラーでは燃焼を止めて長い棒の先に取り付けたワイヤブラシで除去する．

(i) スートブローの回数は，燃料の種類，負荷の程度，蒸気温度などの条件により異なる．例えば重質油，石炭などの燃料，長い低負荷運転の場合回数が多い．

(ii) 最大負荷よりやや低い負荷で行い，燃料の低い状態では，火を消す恐れがあるので避ける．

(iii) スートブローの前にスートブロワからドレンを十分に抜き，1 箇所に長く吹きつけない．

7. 運転中の異常と対策(1)

ボイラー運転中に発生する異常のうち次の 9 項目が重要で，突然異常状態が発生すると，ボイラーを非常停止させる．(i)水位の異常，(ii)キャリオーバ，(iii)バックファイヤ（逆火，ぎゃくか），(iv)燃焼ガス漏れ，(v)自動制御系の異常，(vi)ガス爆発，油漏れによる火災，(vii)炭化物（カーボン）の発生，(viii)火炎中の火花の発生，(ix)異常消火である．

これらの異常の中で，特に重要なものは，上記 9 項目のうちの(i)，(ii)，(iii)である．

異常による非常停止は，次の順序で行われる．①燃料の供給停止，②送風機を止め，燃焼用空気の供給停止，③主蒸気弁を閉じる，④給水の必要なときは，給水して水位を保持する，ただし，鋳鉄製ボイラーではいかなる場合でも給水しない（割れる恐れ），⑤ダンパは開放して，自然通風は続ける.

7.1　ボイラー水位の異常

水位の異常は，蒸発量と給水量のアンバランスによるが，原因は(i)給水系統（制御装置）の故障，(ii)吹出し装置の故障，(iii)蒸気の急激な変化，(iv)給水温度の過昇，である.

7.2　キャリオーバ（気水共発）

キャリオーバには，ボイラー水中に溶解または浮遊している不純物や固形物が，蒸気発生量が急激に増加したとき蒸気に混じって水滴の状態で主蒸気管中に運び出されるプライミング（水気立ち）とボイラー水中に溶解性蒸発残留物や有機物の量が多くなると，水面が石けん水のように大量の泡が発生し，蒸気に混じって運び出される現象のホーミング（泡立ち）がある.

8. 運転中の異常と対策(2)

8.1　バックファイヤ（逆火，ぎゃくか）

バックファイヤとは重油だきボイラーで混合気が燃焼室の外で燃焼することで，たき口から炉外に火炎が吹出す現象で，火傷などの恐れがある．原因は次のようである.

(i)炉内の通風力の不足，(ii)燃料が空気より先に供給される着火遅れによって炉内に溜まった燃料が一度に着火，(iii)点火用バーナの燃料圧力の低下によって着火遅れが生じたときである．これは複数のバーナを有するボイラーで燃焼中のバーナの火炎を利用して隣接のバーナに着火するときの着火遅れでも生じる.

8.2　火炎中の火花の発生

油だきボイラーで火炎中に火花が発生するのは,（i）通風力の強すぎ,（ii）噴霧油滴粒径が大きいなど燃料の噴霧不良が原因で,着火から燃え尽きるまでに時間を要し,油滴が火花として観察される.

8.3　異常消火

油だきボイラーで突然消火が起こった（異常消火）ときは,直ちに燃料弁を閉じ,ダンパを全開して換気を行う.突然消火する原因は,次のようである.（i）燃焼用空気量が多すぎ,火炎が吹き消える,（ii）油ろ過器が詰まったり,燃料油弁を絞りすぎると,燃料供給不足や油圧低下によって,消火する,（iii）水分やガスを多く含む燃料は,燃料油が切れ,いきづき燃焼（炎が断続燃焼する現象）を起こし,消火する,（iv）燃料油の温度が低すぎると,粘度が上がり,噴霧が悪化し,消火する.

9. ボイラーの運転を停止するときの操作

9.1　通常運転時のボイラーの終了方法

終了方法は次の手順による.

ボイラー運転停止時の操作手順

① 燃料供給を停止.

⇩

② 空気を送入と煙道の換気を行い,未燃ガスを外へ排出する（ポストパージという）.

⇩

③ 常用水位よりやや高めまで給水してから,給水弁を閉じて,給水ポンプを停止する.

⇩

④ 主蒸気弁を閉じて，主蒸気管などのドレン弁を開く．

⑤ 排煙ダンパを閉じる．

ただし，油だきボイラーの場合には，運転停止の直前に油または蒸気加熱器の電源，供給を切る．石炭だきボイラーの場合一時休止し，次の点火を容易にするために，火格子上に火種を残しておく埋火（まいか，うずめび）の方法をとる場合が多い．

9.2　異常低水位の処置

異常低水位とはボイラー水が安全低水面以下に低下することをいう．異常停止や低水位で停止したとき，給水は水管や煙管が損傷するので行ってはいけない．

10. 圧力計と安全弁，逃がし弁

10.1　圧力計（水高計）

圧力計の最高目盛は，一般に最高使用圧力の２倍程度とする．最高使用圧力の指示は赤で，常用圧力は別の色（例えば緑色）で表示する．蒸気ボイラーでは圧力のみを表示する圧力計を，温水ボイラーでは水高計（圧力のみ）または温度水高計（温度と圧力を表示）を用いる．

10.2　安全弁，逃がし弁および逃がし管

蒸気ボイラーには安全弁を，温水ボイラーには逃がし弁または逃がし管または安全弁を用いる．

⑴ 故障の原因と措置

安全弁が作動しない場合の原因は，(i)バネの押し付け力が強過ぎる，措置として，バネの力を調整ボ

ルトにより緩める，(ii)弁体ガイドと弁体円筒部とのすき間が狭く，熱膨張などで密着する，措置はすき間を調整，(iii)弁棒が曲がっていて，貫通部を動きにくく，曲がりを調整する．

(2) 安全弁の調整

(i) 吹出し圧力は，設計圧力（＝最高使用圧力）以下で作動するように調整する．

(ii) 設定圧力になっても作動しないときは設定圧力の80 %程度まで下げて，調整ボルトを緩めて弁座を押し付けるばね力を調整する．

(iii) 過熱器用安全弁の設定圧力は，本体の安全弁より先に吹出すようにする．

(iv) 2 個以上の安全弁が設置されているときは，1 個を最高使用圧力以下に調整したときは，他の安全弁を最高使用圧力の 3 %増し以下の調整で良い（段階的に吹かす）．

(v) エコノマイザの逃がし弁（安全弁）は，本体の安全弁より高い圧力に調整する．

(vi) 最高使用圧力が異なるボイラーが連絡しているときは，各ボイラーの安全弁はもっとも低い最高使用圧力のボイラーを基準に調整する．

(vii) 安全弁の手動試験は，揚弁レバーをもち上げて最高使用圧力の 75 %以上の圧力で行う．

11. 水面測定装置と吹出し装置

貫流ボイラーを除く蒸気ボイラーには原則として2 組以上の水面測定装置が必要で，両水位は常に同一でなければならない．

11.1　水面計の機能試験

水面計の機能試験とは，毎日 1 回以上，水面計の吹出し弁からブローを行い，スラッジなどによる詰まりを吹き飛ばす．(i)残圧がある場合にはたき始める前に，(ii)ボイラーのたき始めで蒸気圧力がないときには圧力が上がり始めたときに行う．

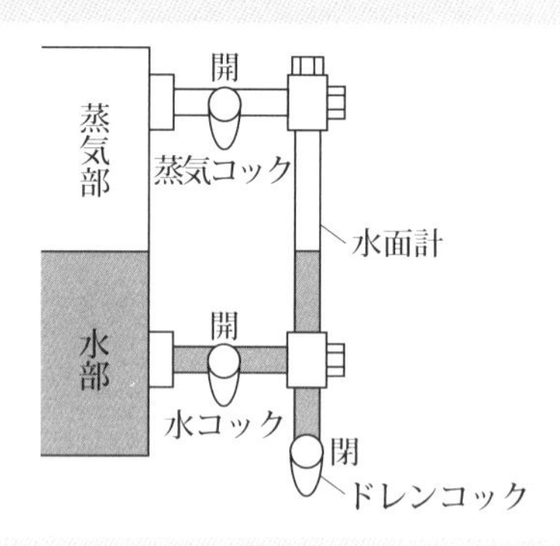

水面計

水面計が水柱管に取り付けられている場合（次図参照）は，水柱管の水側連絡管は，スラッジが溜まり詰まらないように水柱管に向かって上がり勾配とする．

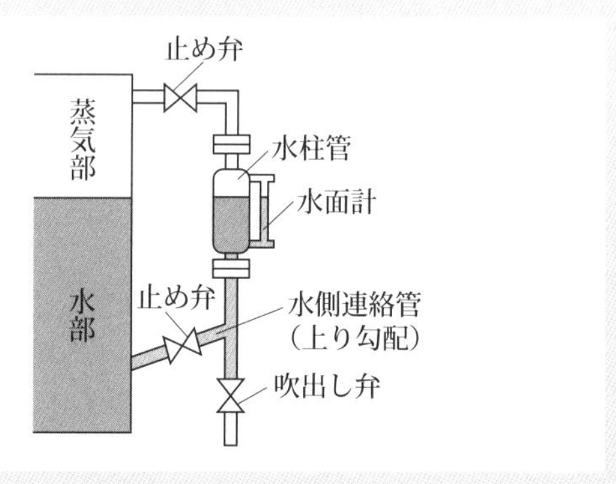

水柱管と水面計

11.2　吹出し装置

「1章6.1　吹出し（ブロー）」の項を参照．缶底に堆積した不純物（軟質のスラッジ（かまどろ）やスケール片など）を除去する間欠吹出しとボイラー水の濃度を一定に保つ連続吹出し（ブロー）があり，その装置を吹出し装置と呼ぶ．

12. 給水装置

ボイラーに給水するディフューザポンプの取扱いについて示す．

⑴ 点検と運転準備

(i)運転前にポンプ内およびポンプ前後の配管中の空気を十分に抜く，(ii)渦巻室（ケーシング）と回転軸との貫通部分には，2つのシール方式；①グランドパッキンシール式，②メカニカルシール式がある．グランドパッキンシール式は，運転中，水が少し滴下する程度にパッキンを締め，運転中に増締めができるように締め代（しめしろ）を残しておく．メカニカルシール式では水漏れが全くないことを確認する．

⑵ 起動と運転

空運転による内部の焼付きを防止するために，起動手順は，(i)吐出弁を全閉，吸込み弁を全開とする，(ii)ポンプを起動し，吐出弁を徐々に開く，(iii)負荷電流が適正であることを電流計で確認するとともに給水圧力をポンプ吐出側の圧力計により確認する．

⑶ 停止

吐出弁を徐々に「閉」とし，ポンプを停止させ，最後に吸込み弁を閉じる．

13. 燃焼安全装置

13.1　燃料油用遮断弁（電磁弁）

燃料配管系のバーナ近くに設けられ，蒸気圧力の過昇（温水ボイラーの場合，温度過昇），低水位，不着火，異常消火などの異常時に燃料を緊急に自動遮断する．遮断弁には，電磁石による電磁弁（図参照）の他，ダイヤフラム弁，油圧弁，モータ駆動弁などがある．電磁弁はコイルに通電し，発生した電磁石の力で弁体が上がり，「開」状態となる．電磁石の力が消失すると，弁体はバネの力で「閉」となる．

電磁石の遮断弁（電磁弁）の故障原因は，次のようである．(i)電磁コイルの絶縁低下や短絡，断線によって通電できない，(ii)可動コアの弁体が「引っかかり」などによって円滑に作動しない，(iii)燃料や配管中のゴミなどの異物が弁体にかみ込み，油が漏れる，(iv)バネの折損や押し付け力の不足．

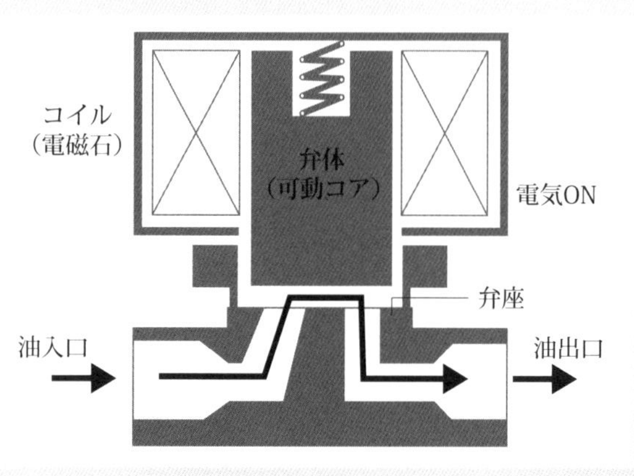

電磁弁の「開」状態

13.2　火炎検出器

バーナ火炎の有無を検出する火炎検出器には，(i)光が当たると導電する硫化カドミウムセル，(ii)硫化鉛の抵抗が火炎のちらつき（フリッカ）で変化する電気的特性を利用する硫化鉛セル，(iii)火炎が明るさ（放射線）をもつ性質を利用して，光電管を用いて光の有無を判断するフレームアイ，(iv)火炎の導電作用を利用して火炎の有無を判断するフレームロッド（主にガス燃焼炎に使用され，点火用ガスバーナに多く用いられる）がある．

性能試験は，定期自主検査を兼ねて1ヶ月に1回程度，ボイラーの運転停止直前に燃料弁を閉じて「断火」の信号（警報）を確認する．あと，手動で復帰する．

14. ボイラーの保全

ボイラーの運転に伴って，伝熱管内面にスケールやスラッジが生成し，腐食が生じ，外面には，燃焼生成物の灰やすすが付着し，伝熱効率の低下が生じる．これらの予防措置を講じて，劣化や災害を防ぐためにとる措置をボイラーの保全という．年間の保全計画には，定期整備と月例検査（定期自主検査）がある．

(i) 定期整備：1年に1回の性能検査を基準として，劣化や損傷具合などに応じて1ヶ月，3ヶ月，6ヶ月区分の分解整備計画を作成，実施する．

(ii) 月例検査（定期自主検査）：日常保全計画の「点検，試験項目」について毎月1回点検を行い，記録する．整備や部品交換などの要否を確認する．

(iii) 日常保全計画として一定の間隔を定めて点検，試験，計測・記録を行う．

14.1　ボイラーの清掃

ボイラーの清掃には，内面清掃と外面清掃がある．

(i) 内面清掃は，伝熱管の内面に付着したスケール，スラッジや懸濁物などの不純物を除去する．

(ii) 外面清掃は，スートブロワを用いて，管外面についたすすや灰などを除去する．除去できない範囲についてはボイラー停止時に清掃する．

14.2　酸洗浄（化学洗浄）

薬液を用いてボイラー内面に付着したスケールを溶解除去する．

(i) 薬品は，通常，濃度 3 ～ 10 %の塩酸を用いる．ただし，スケールが付着していない部分への酸による腐食を防ぐために腐食抑制剤（インヒビタ）を添加する．

(ii) 作業は，前処理→水洗い→酸洗浄→水洗い→中和防錆処理の順に行う．シリカ分の多い硬質スケールを除去するときは，酸洗浄を効果的にするために前処理として薬液（シリカ溶解剤）でスケールを膨潤させる．

(iii) 洗浄作業中は，爆発生の強い水素ガス（H_2）が発生するので，火気を厳禁とする．

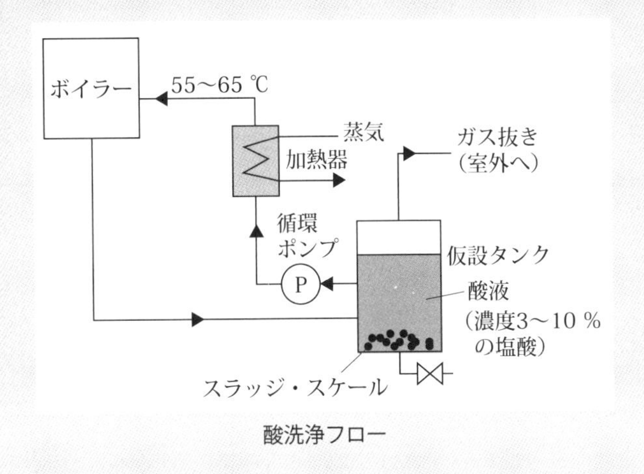

酸洗浄フロー

15. ボイラー休止中の保存と水圧試験

15.1　ボイラー休止中の保存

ドラム内の水側の保存法には，乾燥と満水の２つがある．乾燥保存法は，ボイラー水を排出して，内部を乾燥させ，密閉する．満水保存法は，保存剤（薬剤）を入れて水質を監視しながら保存する．

ボイラー休止中の保存方法

保存法	実施期間	備　考
乾燥	長期休止，凍結の恐れ	外部と遮断，吸湿剤
満水	休止＜3ヶ月，緊急時	1〜2回/年，pH，鉄分測定

外面では燃焼側や煙道にすすや灰が残っていると，湿気を帯びて腐食を起こすので，すすや灰を完全に除去して防錆油や防錆剤を塗布しておく．

15.2　水圧試験

水圧試験は，(i)ボイラーを製造したときの構造検査，(ii)中古ボイラーの再使用の可否を判断する使用検査，(iii)ボイラーの修繕をしたときに行う変更検査の際に実施する．ボイラー製造時の水圧検査は，最高使用圧力の 1.5 倍の圧力，既に設置されているボイラーの水圧試験は，最高使用圧力または常用圧力の 1 ～ 1.1 倍とする．水温は室温を標準とし，いずれも 30 分間保持する．

16. ボイラーの水管理

ボイラーには，水質に起因して腐食，過熱や伝熱劣化などの障害の防止を目的として水質管理が必要である．

16.1　水素イオン指数 pH

水（無色，無味）が酸性であるかアルカリ性（塩基性）かは，水中の水素イオン（H^+），水酸イオン（OH^-）の量によって決まる．表示法として水素イオン指数 pH（JIS ではピーエイチ，慣用でペーハー）が用いられ，常温（25 ℃）で 7 が中性，7 未満が酸性，7 を超えるものがアルカリ性である．

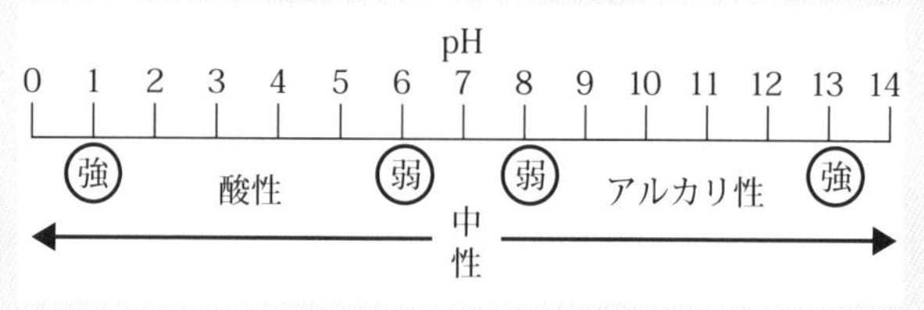

pH と水の性質

16.2　酸消費量

酸消費量は，アルカリ度ともいい，水中に含まれる水酸化物，炭酸塩，炭酸水素塩などのアルカリ分を示すもので，炭酸カルシウム（$CaCO_3$）に換算して試料1 L中のmg数で表す．すなわち，アルカリ分を所定のpHまで中和するのに必要な酸の量で，pHを4.8まで中和するのに要する酸消費量（pH4.8）と，pHを8.3まで中和するのに必要な酸消費量（pH8.3）の2つの指標がある．

16.3　硬度

水の硬度とは，水中のカルシウムイオン，マグネシウムイオンの含有量を示す値である．水中のカルシウムイオン，マグネシウムイオンの量を炭酸カルシウム（$CaCO_3$）の量に換算したカルシウム硬度[mg/L]，マグネシウム硬度[mg/L]があり，合わせて全硬度という．ボイラー水中に硬度成分が存在すると，ボイラー内で濃縮され，管内面にスケールとなって付着し，管の伝熱抵抗になり，伝熱部に過熱をを引き起こす．

17. ボイラー水中の不純物と障害

ボイラー水中の不純物には，全蒸発残留物や溶存気体がある．

ボイラー水中の不純物

不純物の種類	内容	障害
全蒸発残留物	主にCa，Mg化合物，Si化合物，ナトリウム化合物で，スケールやスラッジとなる	過熱，排ガス温度上昇，腐食，水循環不良，管などの詰まり
溶存気体	水中に溶けた気体のO_2やCO_2	腐食を発生

ここで，スケールとは，給水中の溶解性蒸発残留物がボイラー内で濃縮され，飽和状態となって析出し，伝熱面に固着するもので，スラッジとは，固着しないで，ボイラー底部に沈積する軟質の不純物をいう．

(i) 内面腐食の原因になるのは，給水中に含まれる溶存気体（酸素（O_2）や二酸化炭素（CO_2）など）や水に酸性作用を与える種々の化合物などの溶解塩類および電気化学的作用による．腐食は，鉄がこれらの物質と反応して電子を失い，イオン化することで生じる．

(ii) 腐食の形態には，全面腐食と局部腐食がある．全面腐食は全面に腐食が進行し，金属がはがれる状態である．局部腐食には，ピッチング（孔食，孔があいた状態）とグルービング（溝状腐食，細長く連続した溝状腐食）がある．

(iii) アルカリ腐食とは，鉄が高温環境下で濃度の高い水酸化ナトリウム（苛性ソーダ）と反応して腐食する．鉄は酸と反応して腐食するので，ボイラー水を適度のアルカリ性に保つが，高温，高濃度のアルカリ溶液中では鉄が激しく腐食される（アルカリ腐食）．

18. 補給水の処理

ボイラーの補給水処理には水質基準に適合するように処置される．次の２つがある．

18.1　固形物（懸濁液）の除去

大きいものは自然沈降法，微細なものは凝集剤を加えて凝集沈殿装置で沈殿分離させる．除去できなかった固形物は，フィルターを通して急速濾過装置で除去する．

18.2　溶解性蒸発残留物（水に溶けている不純物）の除去

ボイラー内部で蒸発した後に残る固形物で，除去には(1)イオン交換法と(2)膜処理法がある．

(1) イオン交換法

大きく単純軟化法（硬水軟化），脱炭酸塩軟化法（アルカリ分除去），イオン交換水製造法に分けられる．

(i) 単純軟化法：Na 形イオン交換樹脂による硬水軟化法で，原水をイオン樹脂を充填した Na 塔に通すと，Na イオン（Na^{+}）を放出して，スケールの原因となるカルシウムやマグネシウムイオン（Ca^{2+}，Mg^{2+}）を吸着する．

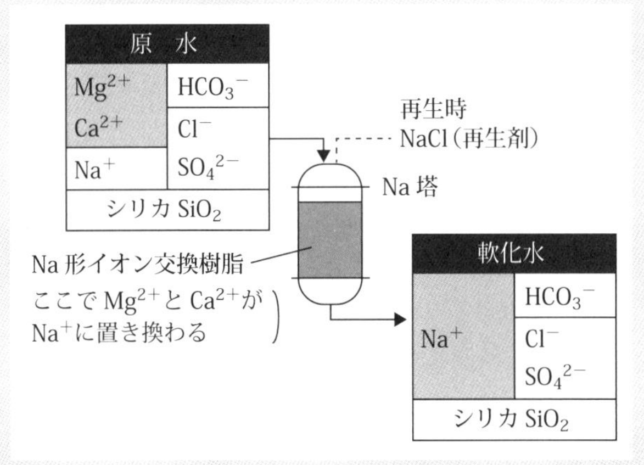

単純軟化法

樹脂の交換能力が減退してきたら（貫流点を超える），食塩水（NaCl）により Na イオンを吸着させ，交換能力を復元させる（再生という）．

イオン交換樹脂は，原水中の鉄分で汚染され，処理能力が悪化するので，塩酸による酸洗浄を行って能力を回復させる．

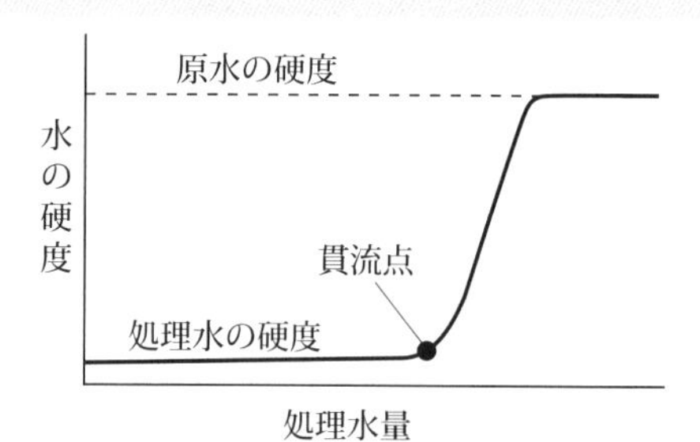

単純軟化における処理水と残留硬度

(ii) 脱炭酸塩軟化法：原水のアルカリ度が高い場合に利用され，軟化の他にアルカリ度を上げている炭酸水素イオンと炭酸イオンをイオン交換樹脂を用いて除去する．

(iii) イオン交換水製造法：水中の強電解質や弱電解質の陽イオン，陰イオンをすべて除去可能である．単純軟化法で除去できないシリカは，陰イオンとなっているので，イオン交換水製造法が有用となる．

(2) 膜処理法

逆浸透膜を用いて，純粋な水（溶媒）は通すが，カルシウムやマグネシウムなど（溶質）を全く通さず，ボイラー水をつくる．

19. ボイラー系統内処理

給水タンク以降の脱気器やボイラー本体内及び復水に対する水処理を系統内処理という．

19.1　溶存気体の除去

給水中に溶存している O_2 や CO_2 を除去することを脱気といい，化学的脱気と物理的（機械的）脱気法がある．

① 化学的脱気法：脱酸素剤を給水中に入れ，化学反応によって O_2 を除去する．

② 物理的脱気法には，次の 3 つがある．(i)加熱脱気法：給水を加熱して溶解度を減少させて，O_2 や CO_2 を除去する，(ii)真空脱気法：給水を真空状態にして，常温状態で溶存気体を除去する，(iii)膜脱気法：高分子気体透過膜を用いて，片側に水を供給し，反対側を真空にすることで水中の溶存 O_2 などを除去する．

19.2　ボイラー清缶剤

清缶剤は，給水やボイラー水に直接添加して，スケールの付着防止やボイラー水の pH，酸消費量を調節する薬品である．主な作用および薬品名は次のようである．

清缶剤の作用による分類

No	種　類	主な作用	主な薬品名
1	pH，酸消費量の調節剤	ボイラーの腐食，スケール付着を防止	水酸化Na，水酸化K，炭酸Na，リン酸Na
2	軟化剤	硬度成分をスラッジに変える，スケール付着防止	炭酸Na，りん酸Na
3	スラッジ分散剤	スケールとして固まらないように微細粒子にする	タンニン
4	脱酸素剤	水中の酸素を除去し，腐食を防止	亜硫酸Na，ヒドラジン，タンニン
5	給水，復水系統の防食剤	給水，復水系統の配管の腐食防止	pH調節剤（防食），被膜性防食剤

19.3　ボイラー水の濃度管理

ボイラー水の吹出し（ブロー）によって濃縮水をボイラー外に放出する．これには(i)間欠吹出し（間欠ブロー，ボイラー底部から間欠的に吹出す）と(ii)連続吹出し（連続ブロー，吹出し内管から連続的に排出）がある．

第3章のおさらい事項（問題p.84～113まで）

1. 燃料の概説

ボイラーの燃料として，次の条件が望まれる．(i)量が豊富で，調達が容易，(ii)貯蔵や運搬など取扱いの容易さ，(iii)安全，無害である．

1.1　燃料の分類

燃料を大別すると，(i)液体燃料（重油，灯油，軽油，原油），(ii)気体燃料（都市ガス，液化石油ガス，天然ガスなど），(iii)固体燃料（石炭，コークス，木材など），(iv)特殊燃料（木くず，都市ごみ，バーク（樹皮），バガス（砂糖キビの絞りかす），古タイヤなど）．

1.2　燃料の成分表示

燃料の分析方法として，①元素分析，②成分分析，および③工事分析がある．その対象と測定方法を次に示す．

燃料の分析法

分析法	対　象	測定方法
元素分析	液体燃料 固体燃料	あらかじめ水分を除いた無水ベースから，炭素，水素，窒素，および硫黄を測定し，水分を除いた質量を100 ％として、これらの成分質量を差引いた値を酸素とする．「質量％」で表す．
成分分析	気体燃料	メタン，エタンなどの含有成分を測定し，「容積％」で表す．
工業分析	固体燃料	石炭などの固体燃料の分析に用い，自然乾燥した状態の気乾試料として水分，灰分，揮発分を測定し，残りを固定炭素として「質量％」で表す．

1.3　着火温度，引火点，発熱量

(1) 着火温度（発火温度）

燃料を空気中で加熱していくと，他から点火しないで，自ら燃え始める最低温度をいう．重油は，250～

380 ℃，天然ガス（メタン）：650 ～ 750 ℃である．

⑵ 引火点

燃料は加熱されると，蒸気を発生し，これに小火炎を近づけると瞬間的に燃え始める最低温度をいう．

⑶ 発熱量

燃料を完全燃焼させたときに発生する熱量をいう．「1 章 5.3 高発熱量と低発熱量」を参照．単位は，液体燃料や固体燃料では，質量 1 kg 当たりの [MJ/kg] または [kJ/kg]，気体燃料では，標準状態（1 atm，0 ℃）における容積 1 m^3 当たりを [$m^3{}_N$] と表し，[MJ/$m^3{}_N$] で表す．

2. 液体燃料

2.1 概説

ボイラー用液体燃料の大部分は，重油で，一部に灯油，軽油が用いられる．液体燃料は，固体燃料に比べて次の利点がある．(i)品質がほぼ一定で，発熱量が大きい，(ii)輸送，貯蔵に便利，(iii)貯蔵中の変質が少ない，(iv)灰分が少ない．

ボイラー用液体燃料の概要を次表に示す．

液体燃料の概要

種　類	密度(15 ℃) [g/cm^3]	引火点 [℃]	低発熱量 [MJ/kg]
灯油	0.78～0.80	40 以上	44.3
軽油	0.82～0.85	50 以上	43.0
1種(A)重油	0.86	60 以上	42.5
2種(B)重油	0.89	60 以上	41.9
3種(C)重油	0.93	70 以上	40.9

2.2 重油

重油は動粘度により，1 種（A 重油），2 種（B 重油），3 種（C 重油）に分類される．

重油の日本工業規格による分類（JIS K 2205-1991）

種類		動粘度 [50 ℃, mm²/s]	流動点 [℃]	残留炭素分 質量 [%]	硫黄分 質量 [%]
1種（A重油）	1号	≦20	≦5	≦4	≦0.5
	2号				≦2.0
2種（B重油）		≦50	≦10	≦8	≦3.0
3種（C重油）	1号	≦250	—	—	≦3.5
	2号	≦400	—	—	—
	3号	40～1000	—	—	—

一般に，A 重油は密度が小さく，発熱量は高く，高品質な燃料である．一方，C 重油は密度が大きく，粘度も高く，硫黄分も多く，A 重油に比べ低品質な燃料である．

2.3 重油の性質

重油の性質は，密度が大きいと，発熱量は小さく低品質の C 重油となる．概略，次表のようである．

重油の種類と燃焼性

項目	A重油（高品質）	B重油	C重油（低品質）
イ）密度	小さい	←→	大きい
ロ）低発熱量	大きい	←→	小さい
ハ）引火点	低い	←→	高い
ニ）粘度			
ホ）凝固点			
ヘ）流動点			
ト）残留炭素	少ない	←→	多い
チ）硫黄分			

⑴ 密度

重油の密度は，15 ℃における単位体積当たりの質量 [g/cm^3] で表す．温度によって変化し，温度が上昇すると小さくなる．A 重油は密度が小さく（軽い），C 重油は密度が大きく（重い），B 重油はその中間である．

⑵ 引火点

重油の引火点は，60 ～ 70 ℃以上，平均 100 ℃前後である．密度の小さいほど，引火点は低くなる．

⑶ 粘度

粘度は「流れにくさ」を示し，値が大きいと流れにくく，温度上昇とともに小さく流れやすくなる．一般に，密度が大きい重油は，粘度が高い．

⑷ 流動点と凝固点

流動点とは燃料（液体）を静かに一定条件の下に冷却していき，試験管中の燃料を傾けても 5 秒間動かなかったときの温度より 2.5 ℃高い温度をいう．流動性をまったく失い，凝固するときの最高温度を凝固点と呼ぶ．

3. 重油の成分による障害

重油の場合，固体燃料に比べると水分やスラッジの量は極めて少ないが，それらによる障害は次のようである．

3.1　水分が多いときの障害

(i)熱損失が生じる，(ii)いきづき燃焼を起こす，ここで，いきづき燃焼とは，バーナの着火部分で重油と水の蒸気発生により燃料が瞬時的に中断するため，火炎が断続燃焼することをいう，(iii)貯蔵中に懸濁浮遊物（エマルジョンスラッジ）を形成する．

3.2　スラッジによる障害

(i)弁，ろ過器，バーナチップなどを閉塞させる，(ii)ポンプ，流量計，バーナチップなどを磨耗させる．

3.3　灰分

石炭中の灰分量が普通 10 ～ 20 %に対して重油中の灰分量は，0.1 %以下と少ないが，千数百度の高温火炎中で溶けて流れ，伝熱管で冷やされ，管表面に付着して伝熱を阻害する．

3.4　重油中の硫黄分

硫黄が燃焼すると，二酸化硫黄（SO_2）[$S+O_2 \rightarrow SO_2$] となり，一部は過剰な酸素と化合して無水硫酸（SO_3）[$SO_2+(1/2)\cdot O_2 \rightarrow SO_3$] となり，燃焼ガス中の水蒸気（$H_2O$）と反応して硫酸蒸気（$H_2SO_4$）[$SO_3+H_2O \rightarrow H_2SO_4$] となる．この硫酸蒸気（$H_2SO_4$）が燃焼ガス通路中のエコノマイザや空気予熱器の低温部と接触して露点（蒸気が凝縮し始める温度）以下になると，硫酸蒸気が凝縮して金属面を腐食させ，これを低温腐食と呼ぶ．大気中に排出される SO_2 は，大気汚染や酸性雨（pH5.6 以下）などを引き起こす公害物質である．

3.5　残留炭素による障害

重油が高温に加熱されるときに燃え切らずに残った炭化物は，ばいじん（煤塵，微細な固体粒子）として煙突から排出され，公害の原因となる．

3.6　重油中のバナジウムによる障害

燃料中にバナジウムが多く含まれていると，バナジウムを含む灰がボイラー過熱器管に溶けた状態で付着し，管外面を激しく腐食させる〈高温腐食（バナジウムアタック）と呼ぶ〉．

4. 気体燃料

気体燃料は，公害防止の観点からクリーンエネルギーとして注目され，都市ガスを燃料としたガスだきボイラーが近年増加している．

4.1　気体燃料の特徴

(i)成分中の炭素に対する水素の比率が高いため，同じ熱量を燃焼させた場合，CO_2 の発生割合は，石炭の約 60 %，液体燃料の約 75 %と少ない，(ii)空気との混合が容易で，燃焼が均一良好で制御，点火，消火も容易である，(iii)わずかな過剰空気で完全燃焼するので，燃焼効率が高い，(iv)硫黄，窒素，灰分がほとんど 0 で，大気汚染防止対策上有利である．伝熱面の汚れ，腐食などがほとんどない，(v)漏えいすると，可燃性混合気をつくり，ガス爆発を起こしやすい．都市ガスの原料である液化天然ガス（LNG）は，比重が空気より小さいので，漏えいしたら天井など高所に滞留する．一方，液化石油ガス（LPG）の比重は，空気の 1.5 ～ 2.0 程度で漏れると，低い所や凹部に滞留する，(vi)気体燃料の火炎は，油火災に比べて放射率が低く，ボイラーでは放射伝熱量が減り，対流伝熱量が増える．

4.2　気体燃料の種類

ボイラー用気体燃料としては，天然ガス（主に都市ガス），液化石油ガスであり，他に製油所や石油コンビナートなどの副生ガス，オフガスがある．物性は次のようである．

気体燃料の物性値

項目	都市ガス	液化石油ガス	
	13 A	プロパン	ブタン
比重 (空気=1)	0.66	1.52	2.00
密度 (空気15 ℃ 1.225*) [kg/m^3]	0.81	1.86	2.49
高発熱量 [MJ/m^3_N]	46.0	99.1	128.0
低発熱量 [MJ/m^3_N]	41.6	91.0	118
理論空気量 [m^3_N/m^3_N]	10.95	23.8	30.9

* ここで，空気 15 ℃の密度≒1.225 kg/m^3

(1) 天然ガス

天然に発生するガスのうち炭化水素を主成分とする可燃性のものをいう．天然ガスから CO_2，N_2，S などの不純物を除去してから冷媒を用いて，常圧，−162 ℃に冷却，液化したものを液化天然ガス（LNG）と呼ぶ．

(2) 都市ガス

中東，東南アジアなどから輸入した液化天然ガス（LNG）や国内で算出された天然ガスに液化石油ガス（LPG）を混合して熱量調整した「13 A」（数字が発熱量，A は燃焼速度の遅いことを意味する）と呼ばれる規格が主である．密度は成分により異なるが，ほとんど空気より軽い．

(3) 液化石油ガス（LPG）

常温でわずかな圧力で容易に液化する石油系炭化水素で，一般に LPG（Liquefied Petroleum Gas）または LP ガスといい，プロパンガスともいわれる．家庭・業務用はプロパンが主体であるが，工業用はブタンが主体である．密度は空気より重く，ボイラー用燃料としては小容量ボイラーまたは点火バーナ用に用いられる．家庭用のLPGは，発熱量を100 MJ/m^3_Nに調整している．

⑷ その他のガス

石炭を約1000 ℃で乾留して得られる石炭ガスのコークス炉ガスは，製鉄所でコークス製造の際にできる副生ガスである．また，天然ガス液化プラント，製油所，石油化学工場などで未利用で放出されるガスをオフガスという．

5. 固体燃料および特殊燃料

固体燃料には，石炭，木材など天然のものと，練炭（豆炭）のように加工されたものおよび特殊燃料として，製品製造の可燃性副産物や廃棄物の再利用がある．

5.1 石炭

石炭は，太古の植物が埋没され，炭化の進行の度合い（炭化度）により褐炭，瀝青炭（れきせいたん）および無煙炭に分類されている（次表）．

石炭の種類と性状

種　類	石　炭		
	褐　炭	瀝青炭	無煙炭
高発熱量 [MJ/kg]	20〜29	25〜35	27〜35
揮発分 [質量%]	30〜50	20〜45	5〜15
固定炭素 [質量%]	30〜40	45〜80	70〜85
燃料比*	1以下	1.0〜4.0	4.5〜17

*ここで，燃料比＝固定炭素 / 揮発分

⑴ 揮発分

炉内の火格子上で加熱すると，揮発分が放出され長炎となって燃焼する．空気供給が不足し，燃焼室温度が低下したときには煙が発生しやすい．

⑵ 固定炭素

石炭の主成分で，これが多いほど，発熱量も大きくなる．揮発分の放出後に残る炭のようなおき（燠）は，固定炭素が燃焼しているもので，炎は短く，一般にコークスと呼ばれる．ほか，湿分とは石炭の表面に付着している水で，水分とは石炭の内部に含まれる水をいい，両者を合わせて全水分と呼ぶ．

5.2　特種燃料

特殊燃料は，製品を製造する段階で副産物として発生した可燃物で，「バガス」（砂糖きびの絞りかす），「バーク」（樹木の皮），「黒液」（製紙会社でパルプの製造過程で生じる黒色の液体），「廃棄物」などがある．廃棄物は，一般家庭からでる都市ごみほか産業廃棄物，廃タイヤなどがある．

6. 燃焼概論

6.1　燃焼の要件

燃焼は，光と熱の発生を伴う急激な酸化反応で，燃料，空気（酸素），温度（点火源）の３つが必要である．燃焼に重要なのは，着火性と燃焼速度（燃料の燃える速さ）である．着火性が良く，燃焼速度が速いと，一定量の燃料を完全燃焼させるのに狭い燃焼室ですむ．

6.2　燃焼用空気

⑴ 理論空気量と実際空気量

理論空気量とは，完全燃焼に必要な最少の空気量で，理論酸素量から求められる．実際の燃焼時に投入した空気量を実際空気量といい，理論空気量より多くする．

⑵ 空気比

実際空気量が理論空気量の何倍になっているかの値である．空気比が 1 に近いほど，過剰空気が少ない．各種燃料の空気比の概略値を次に示す．

空気比の概略値

項　目	微粉炭	液体燃料，気体燃料
空気比	1.15 ～1.3	1.05 ～1.3

7. 液体燃料の燃焼

7.1　液体燃料の燃焼方式

液体燃料の燃焼方式は，バーナで燃料を微粒化し，空気との接触を良好にする噴霧燃焼（バーナ燃焼，次図参照）が主である．粘度の高い B，C 重油は常温では「どろどろの状態」で，配管や弁が詰まったり，バーナで十分な噴霧ができず失火の原因となる．良好な霧化にするには，重油加熱器を用いて蒸気または電気で好適な温度に加熱（B 重油：50 ～ 60 ℃，C 重油：80 ～ 105 ℃）して油の粘度を下げる必要がある．ただし，加熱温度が高すぎると，(i)バーナ噴霧前にバーナ本体内で気化し，気化重油と高温重油が交互に流れ不安定燃焼を起こす（ベーパロックという），(ii)油滴の大きさが均一でなくなり，噴霧状態にムラができて，不安定ないきづき燃焼（振動燃焼）を起こす，(iii)不安定な燃焼状態による燃焼ムラからすす（炭化物）が発生する．

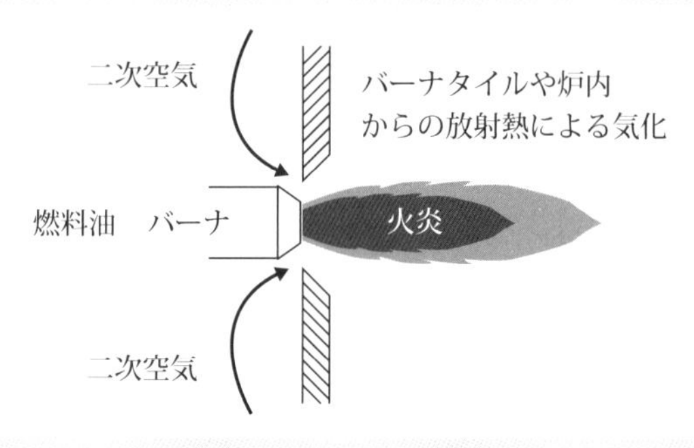

液体燃料の噴霧燃焼

バーナで噴霧された油滴はバーナタイルの放射熱で気化し，バーナタイルを通過した燃料はさらに炉内の熱によって気化が進み，油滴中の固形残渣粒子（燃料中の固形物のタール状の残留物のこと）も熱分解して気化，燃焼する．

7.2　液体燃料（灯油，重油など）燃焼の特徴

石炭燃焼に比べた液体燃料の特徴は，次のようである．

[長所]

(i)発熱量が石炭より大きい，(ii)少ない過剰空気で完全燃焼させられる，(iii)燃焼調節と操作が容易で，負荷変動に対して応答性が優れている，(iv)急着火，急停止の操作が容易，(v)すす，粉じん（ダスト）の発生が少なく，灰処理が不要，(vi)貯蔵中の発熱量の低下や自然発火の恐れがない，(vii)運搬や貯蔵管理が石炭に比べ容易である．

[短所]

(i)過剰空気が少ないので，燃焼温度が高く，局部過熱や炉内損傷を起こしやすい，(ii)油の漏れ込み，点火操作のミスにより炉内ガス爆発の恐れ，(iii)バーナの構

造によって騒音を発する．(iv)油の成分（硫黄や窒素など）によってボイラーの腐食を起こし，大気を汚染させる．

7.3　燃料油タンク

燃料の受け入れに使用する貯蔵タンクとボイラー近くに設置する小容量のサービスタンクを設ける．貯油量は一般に貯蔵タンクで1週間～1ヶ月，サービスタンクで最大燃焼量の2時間分以上とする．

8. 油バーナの種類と構造

油バーナを用いて，燃料油を直径数μm～数百μmに微粒化し，表面積を大きくして空気との接触を良好にし，気化を促進して短時間で燃焼させる．噴霧するのに蒸気や空気の霧化媒体を使用する噴霧式バーナと霧化媒体を使用しないバーナがある．噴霧しないバーナは，重油自身の圧力で重油を霧状にする圧力噴霧式とバーナ先端を回転させ，遠心力で重油をまき散らす回転式（ロータリ）がある．また小型ボイラー用には圧力噴霧バーナと押し込みファン，制御器などを組み込んだガンタイプバーナがある．バーナの種類と特徴を次表に示す．

バーナの種類と特徴

<table>
<tr><th>バーナ種類</th><th>油圧力(MPa)</th><th>霧化媒体</th><th>油量制御</th></tr>
<tr><td>圧力噴霧式</td><td>0.5～3</td><td>—</td><td>送油量，戻り油量</td></tr>
<tr><td>蒸気(空気)噴霧式</td><td>0.15～1</td><td>蒸気，空気</td><td rowspan="4">送油量を調整</td></tr>
<tr><td>低圧気流噴霧式</td><td>0.3～0.4</td><td>空気</td></tr>
<tr><td>回転式(ロータリ)</td><td>0.03～0.05</td><td>—</td></tr>
<tr><td>ガンタイプ</td><td>0.01～0.1
または0.7～1</td><td>—</td></tr>
</table>

9. 気体燃料の燃焼

気体燃料は，液体燃料と異なり，気化や蒸発の過程はなく，空気との混合が良好に行われるので，過剰空気は少なくて良い．燃焼は空気との混合機構によって，拡散燃焼方式と予混合燃焼方式に分けられる．

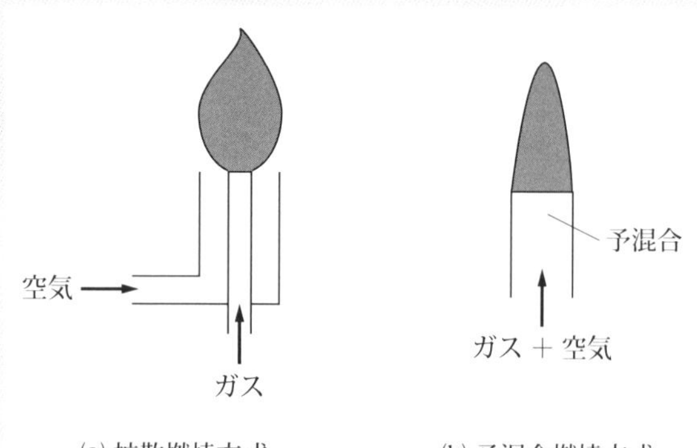

気体燃料の燃焼方式

9.1　拡散燃焼方式

バーナ内で空気とガスが別々のポートから燃焼室に入り，ガス流，空気流が乱流拡散，混合して燃焼する．混合気はバーナ内で作られないので，逆火（フラッシュバック，点火時など燃焼室外に燃焼ガスが吹き出す現象）の危険性はなく，広い燃焼範囲をもつ．気体燃料を使うボイラー用バーナのほとんどがこの方式を利用している．

9.2　予混合燃焼方式

ガスと空気がバーナ内で混合してバーナポート部（噴出孔）から噴出して，短時間に燃焼する．噴出速度が燃焼速度より遅くなると，火がバーナ内に戻る逆火（フラッシュバック）を起こす．大容量バーナには用いられず，小容量のバーナやパイロットバーナに適している．

10. ガスバーナ

ガスバーナは，油バーナと比べて構造も簡単で噴射動力も不要である．都市ガスの場合には小容量ボイラー（家庭用 2 kPa）以外は中圧ガス（0.2 MPa 程度）を必要とする．ボイラー用ガスバーナには，ガス燃料と燃焼用空気を別々のポートから供給する拡散燃焼方式がほとんどで，燃焼用空気とガスを同一ポートから供給する予混合燃焼方式は，逆火の恐れがあり，点火バーナのような小容量用に主に用いられる．この予混合燃焼には一次空気量が理論空気量より多く，二次空気を必要としない完全予混合と一次空気量が少なく二次空気を必要とする部分予混合燃焼方式がある．

11. 固体燃料の燃焼

石炭の燃焼方式には，火格子燃焼，微粉炭燃焼，流動層燃焼の 3 つがある．

11.1　火格子燃焼

多数のすき間のある火格子上で燃焼させる．給炭方式には火格子の上部に挿入する上込め燃焼と火格子の下方から送入する下込め燃焼がある（次図参照）．下込め燃焼方式は，上から投入すると，火格子上で燃えずに燃焼室の空間で燃焼してしまう軽いもみ殻などを下部から押し込んで燃焼させる．一次空気はすべて炭層の下から供給する．

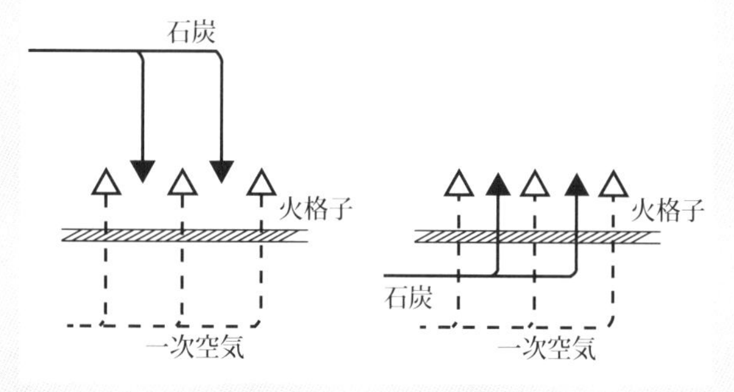

上込め燃焼と下込め燃焼

11.2　微粉炭燃焼（バーナ燃焼）

石炭を微粉状（約 0.1 mm）に粉砕し，空気とともにバーナに送り，燃焼室の空間で燃焼させる．主に大容量の発電用ボイラーに利用される．特徴は次のようである．

［長所］

(i)微粉状であるので，空気との接触が良く，火格子燃焼に比べて燃焼効率が高い，(ii)低品位炭（褐炭）から上質炭（無煙炭）まで幅広く使用できる，(iii)バーナ燃焼であるから，燃焼調節が容易で負荷変動に対応しやすく，液体や気体燃料との混焼が容易である．

［短所］

(i)粉じん（粉状の灰，フライアッシュ）が多いため，集じん装置が必要，(ii)粉じん爆発の危険性（粉じん爆発とは，ある一定濃度の可燃性の粉じんが大気中に浮遊した状態で，火花などによって引火，爆発を起こす現象），(iii)火格子燃焼に比べ，大きな燃焼室が必要，(iv)設備費，保守・維持費が高い，(v)石炭を粉砕する微粉炭機（ミル）を動かすため使用動力が大きい．

11.3　流動層燃焼

次図に示すように，立て形の燃焼室内に水平に設けた多孔板上に粒径 1 ～ 5 mm の石炭および固体粒子（砂，石灰石など）を送入し，下から加圧空気を送って，多孔板上の粒子層を流動化させて燃焼させる．流動層に水管を通し，石炭灰の溶融や NO_X を避けるために，層内温度を 700 ～ 900 ℃に制御する．また石灰石（$CaCO_3$）の送入によって炉内脱硫ができ，SO_2 を中和して SO_X の排出が抑えられる．一方，ばいじんの排出があるので，集じん装置の設置が必要である．

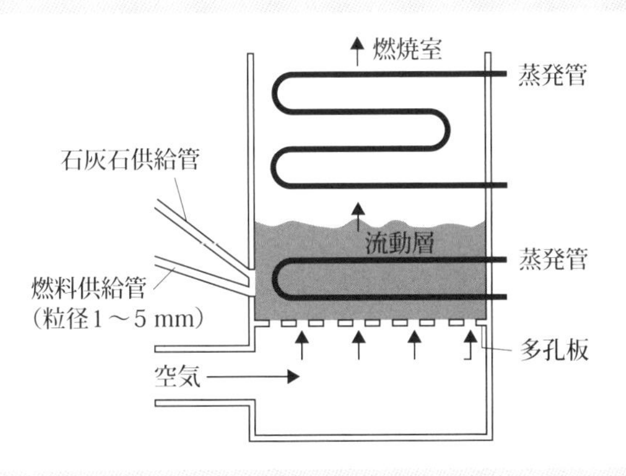

流動層の燃焼方式

12. 燃焼による大気汚染物質と抑制

燃料の燃焼によって発生する「硫黄酸化物（SO_X）」，「窒素酸化物（NO_X）」の有害物質と「ばいじん等」の大気汚染物質を包括して「ばい煙」と呼ぶ．

12.1　硫黄酸化物（SO_X）

「3.4　重油中の硫黄分」の項を参照．

12.2　窒素酸化物（NO_X）

窒素は不燃性であるが，高温域では燃焼ガス中の酸素と反応して，主に一酸化窒素（NO）を生成し，煙突から排出され，大気中で拡散，酸化して，二酸化窒素（NO_2）になる．これらを窒素酸化物（NO_X）という．この窒素酸化物は，酸性雨や光化学スモッグなどの原因となる．これには，空気中の窒素が高温条件下で生成されるサーマル（熱的）NO_Xと燃料中の窒素化合物の酸化で生じるフューエル（燃料）NO_Xの2つがある．発生NO_Xは，その95 %近くがNOで，NO_2は5 %以下である．燃焼によるNOの生成量は，燃焼室の温度が高いほど，また酸素濃度が大きいほど，反応時間が長いほど増加するので，抑制対策は次のようである．(i)低窒素燃料を用いる，(ii)低燃焼温度として，局所的な高温域を生じさせない，(iii)高温燃焼域における燃焼ガスの滞留時間を短くする，(iv)低酸素燃焼をする．

抑制の燃焼法には，(i)濃淡燃焼（燃料と空気を均一でなく過剰に投入する部分などそれぞれ分け，不完全燃焼や二次的燃焼を行わせて全体の燃焼温度を下げる），(ii)二段燃焼（空気を二段階に分けて供給し，燃焼のピーク温度を下げる），(iii)低酸素燃焼，(iv)排ガスの一部再循環（燃焼排ガスの酸素濃度（3～5容積%）を燃焼用空気（酸素21容積%）に混合して燃焼させ，ピーク温度を下げる），(v)蒸気噴霧燃焼，(vi)低NO_Xバーナの使用，などがある．

12.3　ばいじん

ボイラー燃焼で発生する固体微粒子には，すすとダストがあり，これらをばいじんと呼ぶ．すすは，燃焼によって分解した炭素が未燃のまま遊離炭素として浮遊残存したもので，ダストの主成分は灰分である．発生を抑制する対策は次のようである．(i)完全燃焼，(ii)燃焼室の燃焼温度を高くする，(iii)無理だきをしない．

12.4　高温腐食

重油の灰分に含まれるバナジウムが燃焼によって酸化して，五酸化バナジウム（V_2O_5）となり，過熱器などの高温伝熱面に融着して腐食させる（高温腐食と呼ぶ）．防止対策は，次のようである．(i)重油を前処理して，バナジウムを除去，(ii)添加剤を用いてバナジウムの融点を上げて，付着を防止，(iii)伝熱表面に保護被膜または耐食材料を使用，(iv)低酸素燃焼させて，融点の高いバナジウム酸化物を生成（前節 3.6 を参照），である．

13. 燃焼室

燃焼室は，火炉とも呼ばれ，燃料と空気を混合して，安定に，完全に燃焼反応を行わせる場所をいう．

13.1　燃焼室の条件

燃料を効果的に燃焼させ，発生した熱量を伝熱面に効率よく伝えることが条件である．すなわち，(i)燃焼室は，燃焼ガスの炉内滞留時間を燃焼完結時間より長くできる構造，(ii)バーナタイルを設け，その放射熱によって噴霧油滴を気化させる構造，(iii)油だき燃焼室は，燃料と空気の混合が有効に，急速に行わせる構造，(iv)燃焼室に使用する耐火材は，燃焼温度および長期間の使用に耐えるものとし，炉壁は，放射熱損失の少ないもの，(v)空気や燃焼ガスの漏入，漏出のないもの．

13.2　燃焼室熱負荷

燃焼室熱負荷とは，単位時間における燃焼室の単位容積当たり発生熱量 [kW/m^3] をいう．燃焼室の燃焼性能の指標になる．ボイラーや燃料の種類によって決まる．

ボイラーの燃焼室熱負荷

ボイラー種類	燃焼方法	燃焼室熱負荷 [kW/m^3]
炉筒煙管ボイラー	油･ガス燃焼	400 ～ 1200
水管ボイラー	油･ガス燃焼	200 ～ 1200
	微粉炭燃焼	150 ～ 200

ここで，微粉炭燃焼の燃焼室熱負荷が小さいのは，長い燃焼滞留時間や燃焼出口ガス温度を灰の溶融点以下に制限するため，大きな燃焼室を必要とするためである．

13.3　燃焼温度

ボイラーの燃焼温度は，燃料の種類や空気比，燃焼効率などによって変わる．ボイラー燃焼室内の実際燃焼温度は，燃料の未燃分，伝熱面への吸収熱量および外部への熱損失などにより理論燃焼温度より低くなる．ここで，理論燃焼温度とは 0 ℃の燃料が 0 ℃の理論空気量で完全燃焼し，外部への熱損失がないと仮定したときに到達し得る理論温度をいう．

13.4　一次空気と二次空気

ボイラー燃焼の一次空気および二次空気について説明すると，次のようである．

⑴ 一次空気

微粉炭燃焼の場合には，微粉炭をバーナに送る空気をいう．油燃焼では，バーナから燃料とともにまたは燃料近くに噴射する空気をいう．ガス燃焼では，バーナ内でガスと混合して噴射する空気をいう（次図参照）．

⑵ 二次空気

一次空気だけで燃料を完全燃焼できない場合に燃焼室内に供給して，燃料と空気の混合を良好にして，完全燃焼させるもので，一般に一次空気だけで完全燃焼できない場合に供給する．

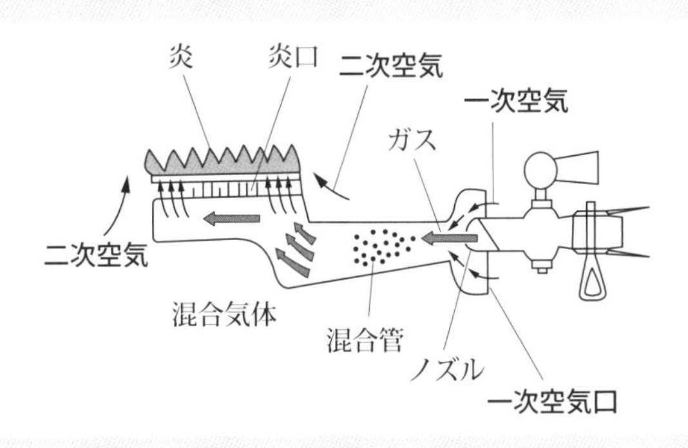

ガスレンジの一次空気と二次空気

14. 通風（ドラフト）

通風方式には，大気と煙突内の排ガスの密度の差による自然通風とファンを利用した人工通風がある．

14.1　自然通風

煙突の吸引力だけで通風を行うので，通風力は小さく，ほとんどのボイラーでは人工通風を採用している．自然通風力は煙突内のガスの密度と外気密度の差に煙突の高さを乗じて求められる．

通風力 $\Delta p = (\rho_a - \rho_g) \times gH$

ここで，Δp：通風力 [Pa]，ρ_a，ρ_g：外気および煙突内のガス密度 [kg/m^3]，g：重力加速度 [m/s^2]，H：煙

突の高さ [m]．すなわち，排ガス温度が高く（ρ_g は小），高さ H が大きい程，通風力 Δp は大きくなる．

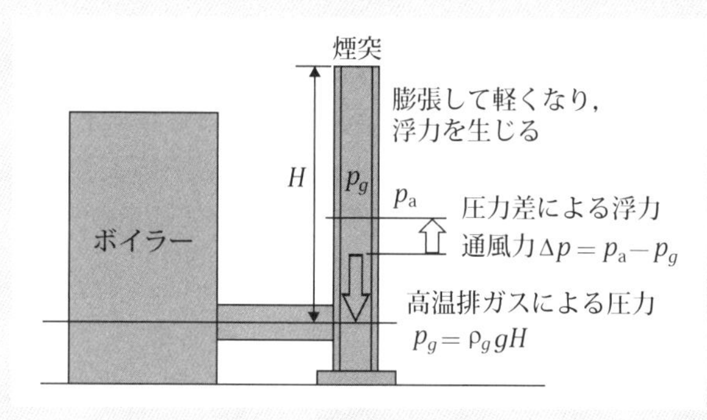

自然通風力

14.2　人工通風

ファンなどで強制的に通風し，大容量から小容量のボイラーに用いられる．これには，(i)押込通風，(ii)誘引通風，(iii)平衡通風の 3 つがある．

(i)押込通風：押込ファンを用いて大気圧より高い圧力で燃料室内に空気を押し込むので，加圧燃焼方式になる，(ii)誘引通風：ボイラー出口の煙道または煙突入口に設けたファンを用いて燃焼ガスを誘引するもので，炉内圧は大気圧より低くなる，(iii)平衡通風：押込ファンと誘引ファンを併用し，炉内圧は大気圧より少し低く，一定になるように誘引ファンを調整する．

一般に，平衡通風は，押込通風より大きな動力を必要とするが，誘引通風より動力は小さい．すなわち，押込通風＜平衡通風＜誘引通風の順に所要動力は大きくなる．

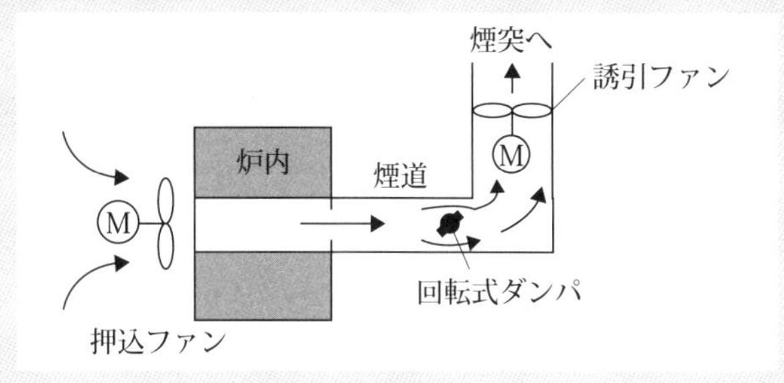

平衡通風

15. ファン，ダンパ

15.1　ファン

ファンには，適切な風圧，風量のものを選ぶ必要がある．主なファンには，「多翼形」，「ラジアル形」，「後向き（あとむき）形」の３つがある．

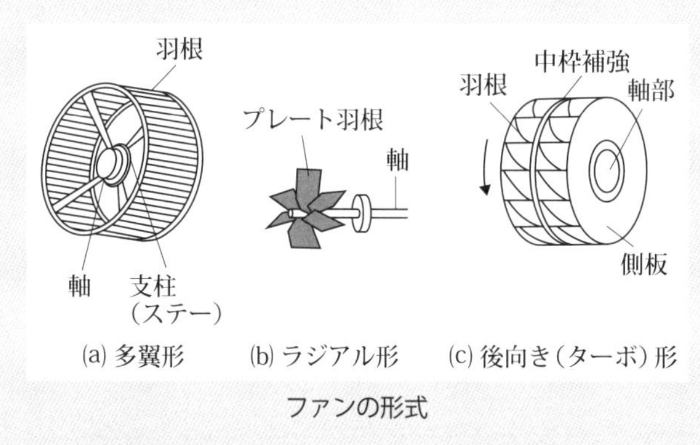

ファンの形式

(1) 多翼形ファン

シロッコファンとも呼ばれ，羽根車の外周近くに浅く軸長の前向きの羽根が多数あり，風圧は0.15～2 kPaと比較的低い．特徴は，(i)小型，軽量，安価，(ii)効率が低く，動力が大きい，(iii)羽根が脆弱で，高温，高圧，高速には不適である．

⑵ ラジアル形（プレート形）ファン

中央の回転軸から放射状に 6 ～ 12 枚の直線状のプレート（平板）が取り付けられる．風圧は，0.5 ～ 5 kPa である．特徴は，(i)強度があり，磨耗，腐食に強い，(ii)簡単な形状で，プレートの取り替えが容易で，誘引ファンとして使用，(iii)大型で重量が大きく，設備費が高い．

⑶ 後向き（ターボ形）ファン

羽根車の主板および側板の間に 8 ～ 24 枚の後向き羽根を設けている．風圧は，比較的高く，2 ～ 8 kPa である．構造が簡単で，頑丈なことから高速運転によって高い風圧が得られる．

ファンの形式と風圧

ファンの形式	風圧 [kPa]
多翼形	0.15 ～ 2
ラジアル(プレート)形	0.5 ～ 5
後向き(ターボ形)	2 ～ 8

15.2　ダンパ

燃焼室に送入する空気量や煙道を通過する排ガス量を調節，遮断する加動板をいう．回転式ダンパと昇降式ダンパがある．

第4章のおさらい事項（問題 p.116～131まで）

1. ボイラーの区分と取扱者

1.1　ボイラーの区分

ボイラーには，蒸気をつくる蒸気ボイラーと温水をつくる温水ボイラーがある．規模（伝熱面積，圧力，胴の内径や長さ）によってボイラー，小型ボイラー，簡易ボイラーの3つに区分される．

⑴ ボイラー

簡易ボイラー，小型ボイラーより規模の大きいボイラーを，法令では単にボイラーという．取扱には，下記の小規模ボイラーを除くボイラーにはボイラー技士運転免許が必要とされる．

⑵ 小型ボイラー

簡易ボイラーより規模が大きく，取扱は，事業者が実施する特別教育を受けていれば，ボイラー技士免許がなくても取り扱える．

⑶ 簡易ボイラー

取扱には資格などの規定（制限）はない（不要）．「ボイラーおよび圧力容器安全規則」の適用は除外され，監督官庁による検査も義務づけられていない．

ボイラーの法的区分と取扱資格を次図に示す．ここで，「小規模ボイラー」とは，法令用語ではなく，取扱者の資格などについて定めるための通称である．すなわち，小規模ボイラーとは，小型ボイラー，簡易ボイラを除く(i)蒸気ボイラーで伝熱面積が3 m^2 以下，(ii)蒸気ボイラーで胴内径が750 mm以下で長さが1300 mm以下，(iii)温水ボイラーで14 m^2 以下，(iv)貫流ボイラーで30 m^2 以下（気水分離器を有するものは，その内径が400 mm以下で，かつその内容積が0.4 m^2 以下）のものをいう．

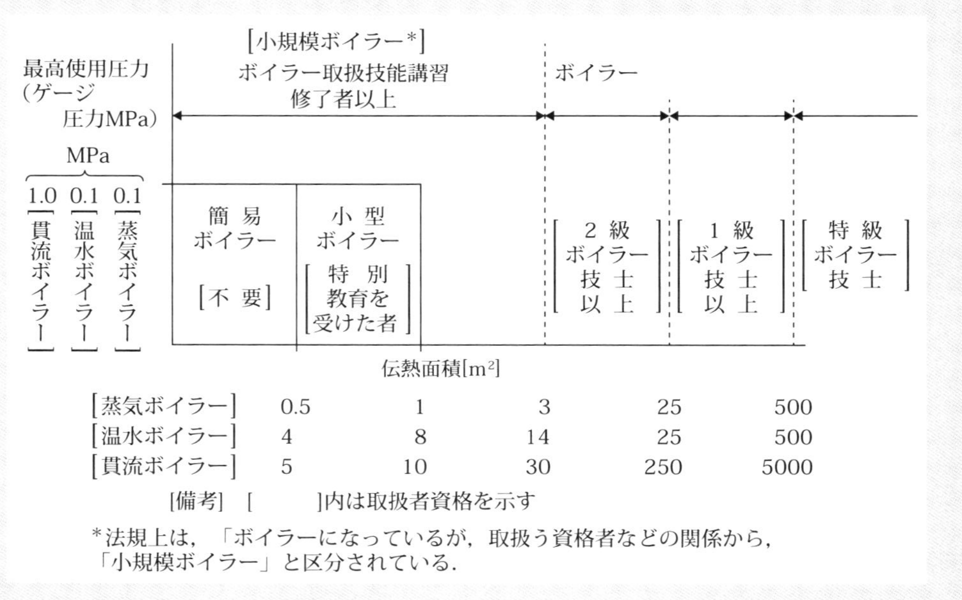

ボイラーの法的区分の概要

1.2　ボイラー取扱作業主任者選任と規模の関係

事業者はボイラーの規模に応じて，ボイラー取扱作業主任者を選任しなければならない．ボイラーの取扱作業主任者の資格基準は，次のようである．

ボイラー取扱作業主任者の資格

ボイラーの取扱作業主任者の資格	取扱うボイラーの伝熱面積の合計		
	貫流ボイラー以外のボイラー*		貫流ボイラーのみ
特級ボイラー技士	500 m^{2}以上		—
特級ボイラー技士 1級ボイラー技士	25 m^{2}以上500 m^{2}未満		250 m^{2}以上
特級ボイラー技士 1級ボイラー技士 2級ボイラー技士	25 m^{2}未満		250 m^{2}未満
特級ボイラー技士 1級ボイラー技士 2級ボイラー技士 ボイラー取扱技能講習修了者	小規模ボイラーのみ	蒸気ボイラー（3 m^{2}以下） 温水ボイラー（14 m^{2}以下） 蒸気ボイラー（胴の内径750 mm以下かつ胴の長さ1300 mm以下）	30 m^{2}以下（気水分離器を有するものでは，その内径が400 mm以下でかつその内容積が0.4 m^{3}以下のものに限る）

*貫流ボイラーまたは廃熱ボイラーを共に利用する場合を含む．

2. 伝熱面積の算定法

ボイラーの取扱作業主任者の資格は，取扱う伝熱面積の上限によって決まるため，算出方法の理解は必要である．伝熱面積とは，水管や煙管などの燃焼ガスに触れる側の面積をいう．

各ボイラーの伝熱面積の計算は，次のようである．ここで，水管ボイラーの場合，ドラム（胴），節炭器（エコノマイザ），過熱器，空気予熱器は伝熱面積には算入されず，水管および管寄せの面積の合計となる．

廃熱ボイラーは，実際の伝熱面積の 1/2 を乗じた値を当該廃熱ボイラーの伝熱面積とする．

ボイラーの伝熱面積の算定

ボイラーの種類	算定方法
丸ボイラー， 鋳鉄製ボイラー	① 火気，燃焼ガス，その他の高温ガスに触れる本体の面（その裏側が水または熱媒に触れる）の面積 ② 伝熱面にひれ，スタッド等があるものは，別に算定した面積を加える
貫流ボイラー以外の一般の水管ボイラー	水管および管寄せの次の面積を合計した面積 ① 水管または管寄せで，その全部または一部が燃焼ガス等に触れる面積 ② 耐火れんがによっておおわれた水管にあっては，管の外周の壁面に対する投影面積 ③ ひれ付き水管のひれの部分は，その面積に一定の数値を乗じたもの
貫流ボイラー*	燃焼室入口から過熱器入口までの水管の燃焼ガス等に触れる面の面積
電気ボイラー**	電力設備容量20 kW当たり1 m^{2}とみなして，最大電力設備容量を換算した面積

*貫流ボイラー（気水分離器なし）の場合，伝熱面積は，その1/10を乗じた値として換算する．したがって，100m^{2}の貫流ボイラーでは100 ÷ 10＝10m^{2}とみなされ，2級ボイラー技士を選任できる．

**電気ボイラーは，電力設備容量20 kWを1 m^{2}とみなして，伝熱面積を換算する．最大電力設備容量が300 kWなら300 ÷ 20＝15 m^{2}となる．

3. 圧力容器

圧力容器は，法的には第一種圧力容器，小型圧力容器，第二種圧力容器および簡易容器に区分される．ここで，最高使用圧力とは，構造上使用可能な最高のゲージ圧力をいう．

(1) 第一種圧力容器：大気圧における沸点を超える温度の液体（蒸気）を内部に保有する容器のうち，最高使用圧力 p[MPa]×容積 V[m^3] ＞ 0.02 の容器をいう．

(2) 第二種圧力容器：0.2 MPa以上の気体を内部に保有する容器のうち，内容積≧ 0.04 m^3 または胴内径≧ 200 mm でかつ，その長さ≧ 1000 mm の容器をいう．

⑶ 小型圧力容器：大気圧における沸点を超える温度の液体（蒸気）を内部に保有する容器のうち，$0.004 <$ 最高使用圧力 p [MPa] × 容積 V [m^3] $\leqq 0.02$ の容器をいう．

⑷ 簡易容器：第一種，第二種につき次図を参照．次図に最高使用圧力と内容積による第一種圧力容器，小型圧力容器，簡易容器および第二種圧力容器と簡易容器の区分を最高圧力と内容積の関係で示す．

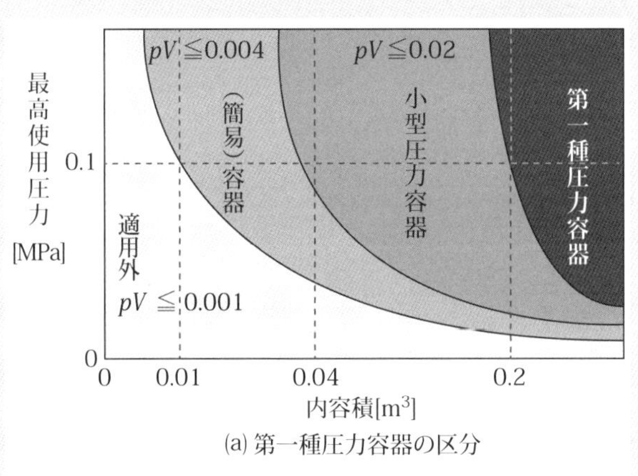

⒜ 第一種圧力容器の区分

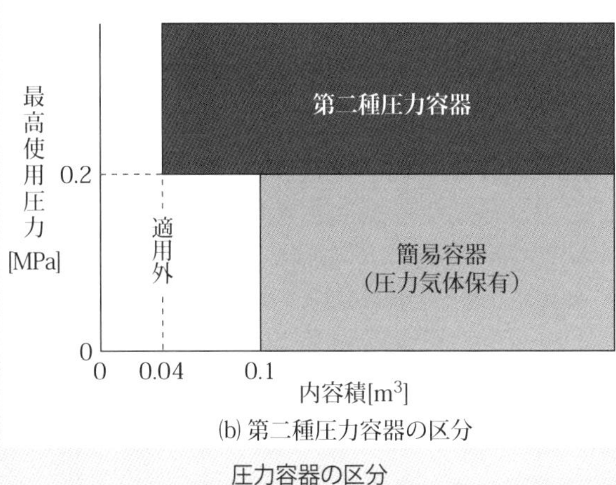

⒝ 第二種圧力容器の区分

圧力容器の区分

4. ボイラーの製造・設置に関する届出，検査

ボイラーに関する諸届と検査の概略フローを次図に示す.

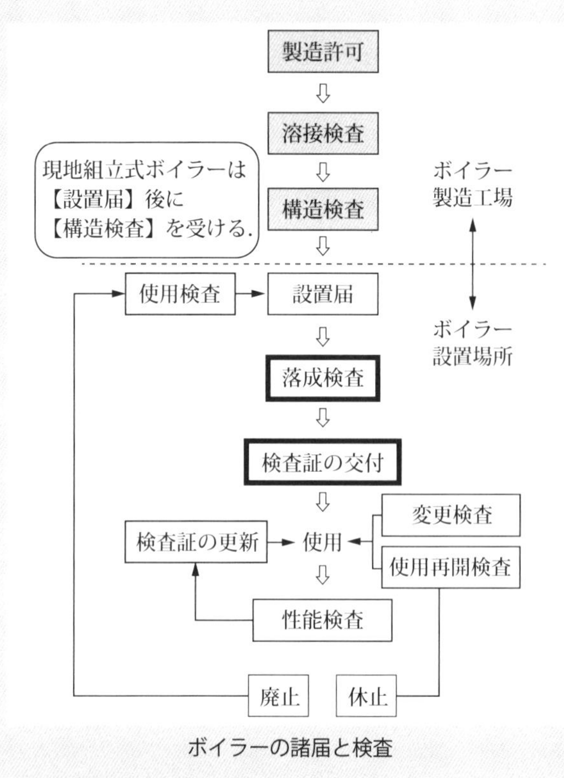

ボイラーの諸届と検査

4.1　製造過程の手続きと検査

(1) 製造許可申請

製造しようとするボイラー（小型ボイラー，簡易ボイラーを除く）について所轄都道府県労働局長の許可を受けなければならない．ただし，すでに製造許可を受けたボイラーと型式が同一であるボイラーは，改めて製造許可を受けなくてよい．

⑵ 溶接検査

ボイラーの溶接について，所轄都道府県労働局（長）による放射検査や試験片による機械的試験を受けなければならない．ただし，附属設備（過熱器，節炭器に限る）や気水分離器を有しない貫流ボイラーなどは，溶接検査の必要はない．

⑶ 構造検査

ボイラー製造者は，所轄都道府県労働局（長）による構造検査を受けなければならない．溶接によるボイラーについては，溶接検査を受けた後でなければ，構造検査を受けることができない．

4.2　ボイラーの設置届，落成検査

ボイラー（小型ボイラー，簡易ボイラーを除く）を設置しようとする事業者は，次の届出の提出および検査を受けなければならない．

⑴ 設置届

ボイラーの設置工事を開始する30日前までに，ボイラー明細書，ボイラー室の状況を記載した書面などを添えて所轄労働基準監督署長に設置届を提出しなければならない．ただし，小型ボイラーの場合は設置したときに，移動式ボイラーの場合には最初に使用しようとする前にそれぞれ所轄労働基準監督署長に設置報告を行う．

⑵ 落成検査

ボイラーの設置工事が終了したときに，所轄労働基準監督署長が落成検査を行う．合格した場合，ボイラー検査証が交付される．交付されていないボイラーを運転することはできない．ボイラー検査証を滅失，または損傷したときは，再交付を受けなければならない．

⑶ 性能検査

ボイラー検査証の有効期間の更新を受けようとする場合は，性能検査を受けなければならない．性能検査を受ける者は，ボイラーおよび煙道を冷却，掃除など必要な準備をして性能検査に立ち会わねばならない．ただし，所轄労働基準監督署長から認定を受けたボイラーについては運転を継続した状態で性能検査を受けることができる．

> ボイラー検査証の有効期間
>
> ・原則は 1 年，ただし，性能検査の結果によって，1 年未満または 1 年を超えて 2 年以内の期限に定めることが可能である．

⑷ 使用検査

次の場合には，設置に先立って使用検査を受けなければならない．

(i)ボイラーを輸入した者，(ii)構造検査または使用検査を受けてから 1 年以上（保管状況が良好であると認められた場合は 2 年以上）設置されなかったボイラーを設置しようとする者，(iii)使用を廃止したボイラーを再設置または使用しようとする者，(iv)外国でボイラーを製造した者，である．

5. ボイラーの変更，休止，廃止

⑴ ボイラー変更届についてボイラーの安全上重要な下記の部分を変更（修繕）しようとする場合には，工事開始の 30 日前までにボイラー変更届を所轄労働基準監督署長に提出しなければならない．

ボイラー変更届出義務のある設備など
・胴（ドラム），炉筒，火室，鏡板，天井板，管板，管寄せ，ステー，ドーム
・節炭器（エコノマイザ），過熱器
・据付基礎

変更届の必要のないものは，水管，煙管，空気予熱器，給水装置である．なお，ボイラーの変更工事が終了したときは，変更検査を受けなければならない．

(2) ボイラーの有効期間を超えてボイラーの使用を休止する場合は，ボイラー休止報告を提出しなければならない．検査証の有効期間内の休止であれば，報告の義務はない．

(3) 休止したボイラーの使用を再開する場合は，使用再開検査を受けなければならない．

(4) ボイラーの使用を廃止した場合は，ボイラー検査証を返還しなければならない．

6. ボイラー室の設置と管理

6.1 ボイラー室の構造

(i) ボイラーの設置場所：移動式ボイラーおよび屋外式ボイラーを除く伝熱面積 3 m^2 を超えるボイラーは，専用の建物または障壁で区画された場所（ボイラー室）に設置しなければならない．

(ii) ボイラー室の出入口：ボイラー室には，2 個以上の出入口を設けねばならない．ただし，緊急時に避難するのに支障がないと認められた場合は 1 ヶ所でも良い．

(iii) ボイラーと上部構造物との距離：ボイラー最上部（主蒸気弁，安全弁など）から天井などの上部構造物までの距離を 1.2 m 以上としなければならない．

(iv) ボイラーと貯蔵燃料との距離：ボイラー室に燃料を貯蔵するときは，ボイラー外側から 2 m（固体燃料では 1.2 m）以上離しておかなければならない．

(v) 可燃物との距離：ボイラーに附設された金属製の煙突または煙道の外側から 0.15 m 以内にある可燃物は，金属以外の不燃性材料で被覆しなければならない．

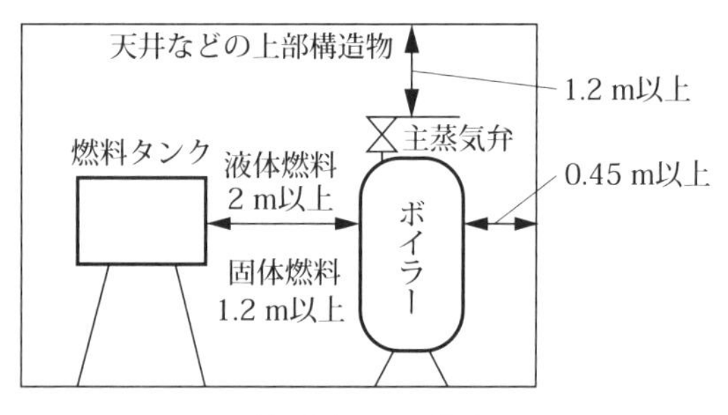

(a) ボイラーの位置

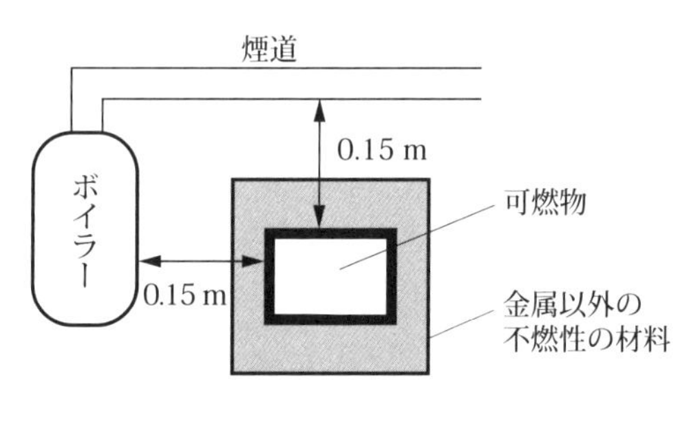

(b) 可燃物との距離

ボイラーの据付位置

6.2　ボイラー室の管理

(i) ボイラー室には，関係者以外の者がみだりに立ち入ることを禁じ，その旨を見やすい場所に掲示する．

(ii) ボイラー室には，必要の場合を除いて引火しやすいものを持ち込ませない．

(iii) ボイラー室には，水面計のガラス管やガスケットなどの必要な予備品や修繕用工具類を備えておく．

(iv) ボイラー検査証，ボイラー取扱作業主任者の資格，氏名をボイラー室の見やすい場所に掲示する．移動式ボイラーの場合には，ボイラー検査証，またはその写しをボイラー取扱作業主任者に所持させる．

(v) 燃焼室，煙道などのれんがに亀裂が生じたときやボイラーとれんが積みの間にすき間が生じたときは，速やかに補修して，火災を防止する．

6.3　附属品の管理

(i) 圧力計や水高計は，内部が凍結しないよう，また80 ℃以上の高温にならないようにする．

(ii) 温水ボイラーの返り管と逃がし管は，凍結しないようにする．

7. ボイラー部品，附属装置の規格

ボイラーの附属品（安全弁，逃がし弁，圧力計，水面測定装置など）に関して次のような構造規格がある．

7.1　安全弁の構造規格

(i) 蒸気ボイラーは，2 個以上の安全弁を備えなければならない．ただし，伝熱面積が 50 m^2 以下の蒸気ボイラーでは安全弁を 1 個とすることができる．

(ii) 2 個以上の安全弁がある場合，1 個の安全弁が最高使用圧力以下で作動するように調整したときは，他

の安全弁を最高使用圧力の３％増し以下で作動するように調整できる．

(iii) 安全弁は，ボイラー本体の容易に検査できる位置に直接取り付け，弁軸を鉛直（重力と同方向）にする．

(iv) 過熱器には，過熱器の出口付近に過熱器温度を設計温度以下に保持できる安全弁を備えなければならない．

(v) 過熱器用安全弁は，胴の安全弁より先に作動するように調整する．

(vi) 貫流ボイラーでは，最大蒸発量以上の吹出し量の安全弁を過熱器出口付近に取り付けられる．

7.2　逃がし弁または逃がし管の規格

(i) 120 ℃以下の温水ボイラーでは，加熱によって水の体積が膨張しボイラーが破裂するのを防ぐために最高使用圧力以下に保持できる逃がし弁または逃がし管を設けなければならない．「1 章 6.3」を参照．

(ii) 120 ℃を超える温水ボイラーでは，内部の圧力を最高使用圧力以下に保持できる安全弁を備えなければならない．

7.3　燃料遮断装置

自動給水調整装置をもつボイラー（貫流ボイラーを除く）には，起動時および運転時に水位が安全低水面以下になった場合，自動的に燃料の供給を遮断する装置を設けなければならない．

7.4　圧力計，水高計の規格

(i) 計器の内部が凍結しないようにするとともに，80 ℃以上の高温にならないように必要な措置を講じる．

(ii) 圧力計の目盛の最大指度は，最高使用圧力の 1.5 倍以上，3 倍以下にする．

7.5　給水装置の規格

(i) 蒸気ボイラーには，最大蒸発量以上を給水できる給水装置を1個備える．しかし，燃料を遮断してもなお燃焼が継続するボイラーおよび低水位燃料遮断装置を有しない蒸気ボイラーについては，給水装置を2個備えなければならない．

(ii) 給水管には蒸気ボイラーに近接した位置に，給水弁と逆止め弁を取り付ける．ただし，貫流ボイラーおよび最高使用圧力 0.1 MPa 未満の蒸気ボイラーでは給水弁1個の取り付けで良い．

8. ボイラー取扱作業主任者の職務と定期自主検査

8.1　ボイラー取扱作業主任者の職務

事業者は，ボイラー取扱作業主任者に次のことを行わせなければならない．

(i) 圧力，水位，および燃焼状態を監視する．

(ii) 急激な負荷変動を与えないように努める．

(iii) 最高使用圧力を超えた運転をしない．

(iv) 安全弁の機能保持を測る．

(v) 水面測定装置の機能を1日1回以上点検する．

(vi) 適宜吹出しを行い，ボイラー水の濃縮を防ぐ．

(vii) 給水装置の機能保持に努める．

(viii) 低水位燃焼遮断装置，火炎検出装置，その他の自動制御装置を点検，調整する．

(ix) ボイラーについて異常を認めたときは，直ちに必要な措置を講ずる．

(x) 排出ばい煙の測定濃度と運転中のボイラー異常の有無を記録する．

8.2　定期自主検査

(i) 事業者は，ボイラーの使用開始後，1ヶ月以内ごとに1回，定期に自主検査を行わなければならない．ただし，1ヶ月を超えて使用しないボイラーについては，その休止期間は自主検査を必要としないが，再び使用開始するときには自主検査を必要とする．

(ii) 事業者は，ボイラーの定期自主検査を行った場合は，その結果を記録し，3年間保存しなければならない．

ボイラーの定期自主検査は，ボイラー本体，燃焼装置，自動制御装置，附属装置および附属品の4項目からなる．各項目と点検事項は次のようである．

定期自主検査項目と点検事項

項目		点検事項
ボイラー本体		損傷の有無
燃焼装置	油過熱器 および燃料総給装置	損傷の有無
	バーナ	汚れまたは損傷の有無
	ストレーナ	つまりまたは損傷の有無
	バーナタイル および炉壁	汚れまたは損傷の有無
	ストーカおよび火格子	損傷の有無
	煙道	漏れその他の損傷の有無 および通風圧の異常の有無
自動制御装置	起動および停止の装置，火災検出装置，燃料しゃ断装置，水位調節装置並びに圧力調節装置	機能の異常の有無
	電気配線	端子の異常の有無
附属装置 および附属品	給水装置	損傷の有無および作動の状態
	蒸気管 およびこれに附属する弁	損傷の有無および保温の状態
	空気予熱器	損傷の有無
	水処理装置	機能の異常の有無

*ここで，「自動制御装置」の電気配線では，端子の異常の有無について点検しなければならない．

―― 著　者　略　歴 ――

藤井　照重（ふじい　てるしげ）工学博士

1967年	神戸大学大学院工学研究科修士課程（機械工学専攻）修了
1980年	工学博士（大阪大学）
1983年～1984年	オーストラリア国ニューサウスウェールズ大学客員研究員
1988年	神戸大学教授（機械工学科）
2005年～現在	神戸大学名誉教授

（著書）
『蒸気動力』（共著、コロナ社）、『熱管理士教本（エクセルギーによるエネルギーの評価と管理）』（共著、共立出版）（『Steam Power Engineering-Thermal and Hydraulic Design Principles』（Joint work、Cambridge Univ. Press）、『熱設計ハンドブック』（共著、朝倉書店）、『気液二相流の動的配管計画』（共著、日刊工業新聞社）、『コージェネレーションの基礎と応用』（編著、コロナ社）、『トラッピング・エンジニアリング』（監修、㈶省エネルギーセンター）、『再生可能エネルギー技術』（監修、森北出版）、『知っておきたい省エネ対策　試し技50』（単著、電気書院）　他

2級ボイラー技士試験
らくらく穴埋めハンドブック

2021年 3月31日 第1版第1刷発行

著 者 藤井照重（ふじい てるしげ）
発行者 田中 聡

発行所
株式会社 電気書院
ホームページ www.denkishoin.co.jp
（振替口座 00190-5-18837）
〒101-0051 東京都千代田区神田神保町1-3ミヤタビル2F
電話（03）5259-9160／FAX（03）5259-9162

印刷 中央精版印刷株式会社 DTP Mayumi Yanagihara
Printed in Japan／ISBN978-4-485-21308-7

[本書の正誤に関するお問い合せ方法は，最終ページをご覧ください]

書籍の正誤について

万一，内容に誤りと思われる箇所がございましたら，以下の方法でご確認いただきますようお願いいたします．

なお，正誤のお問合せ以外の書籍の内容に関する解説や受験指導などは**行っておりません**．このようなお問合せにつきましては，お答えいたしかねますので，予めご了承ください．

正誤表の確認方法

最新の正誤表は，弊社Webページに掲載しております．「キーワード検索」などを用いて，書籍詳細ページをご覧ください．

正誤表があるものに関しましては，書影の下の方に正誤表をダウンロードできるリンクが表示されます．表示されないものに関しましては，正誤表がございません．

弊社Webページアドレス
https://www.denkishoin.co.jp/

正誤のお問合せ方法

正誤表がない場合，あるいは当該箇所が掲載されていない場合は，書名，版刷，発行年月日，お客様のお名前，ご連絡先を明記の上，具体的な記載場所とお問合せの内容を添えて，下記のいずれかの方法でお問合せください．

回答まで，時間がかかる場合もございますので，予めご了承ください．

郵送先
〒101-0051
東京都千代田区神田神保町1-3
ミヤタビル2F
㈱電気書院　出版部　正誤問合せ係

ファクス番号　**03-5259-9162**

弊社Webページ右上の「**お問い合わせ**」から
https://www.denkishoin.co.jp/

お電話でのお問合せは，承れません

（2020年10月現在）